自動車の基礎を
ハイブリッド車技術
から学ぶ

坂本　俊之著

東海大学出版部

Basic Studies of Automotive Engineering for Hybrid Electric Vehicles Approach

Toshiyuki SAKAMOTO
Tokai University Press, 2016
Printed in Japan
ISBN978-4-486-02083-7

まえがき

　本書は，一般的知識から少し踏み込んで，将来自動車関係のエンジニアやメカニックを考えている初学者のための，自動車の基礎技術を学ぶ入門書です．自動車は，近年のインテリジェント化の潮流にしたがい，さまざまな技術が組み込まれ，進化して来ました．自動車技術は，すそ野が広く，一通り体系的に学ぶには，時間も必要で，簡単ではありません．しかし，基本的なポイントとなる技術をしっかり学んでおけば，自動車技術の進展があっても，さらに興味を持って取り組んで行けるものと思います．本書は，自動車の中でも，さまざまな基礎技術が搭載されている，ハイブリッド自動車の主要技術を題材にして，説明を進めています．若い人が興味を持って将来取り組んで貰えるように，しかしお話だけで終わらせることがないように書き進めました．基礎的なところは必要により数式を使いましたが，意味がわかるように説明を加えています．ハイブリッド技術は，幅広く，コンポーネントにより独立しているところもあるので，本書はどこから読み進めて頂いても，前後の関連ページをあたって貰えれば，理解には支障がないように構成しました．

　本書は，それぞれの技術テーマについて，初心者が疑問を感じる点を話の口火とし，先輩のアドバイスを受けながら，自力では諦めかけそうな技術の階段を，登ってもらえる構成としました．技術者は，課題に対して，また自ら課題を設定して，調査し，仮説を立て，実験を行い，結果を解析・考察し，結論を導くことが求められます．技術者自身が，疑問を持ち，自ら一歩を踏み出さないと，何も進まず，何も生まれません．他の人よりも，のみ込みが悪くても，理解が追い付かず一人置いてきぼりになったとしても，諦めず，自分のペースで良いので，一歩一歩進むことのできる人が，プロとして認められる技術者です．各自のペースで良いので，本書を終えて，次のステップへ踏み出してください．

　本書は，数多くの書籍や文献を参考させて頂きました．大変感謝申し上げます．限られた書面のため，取りこぼした技術テーマも多々あると存じます．また，説明不足や，考え違いの点がある場合は，ご教示頂けると幸いです．

　最後に，出版に至るまでの大変慌ただしい期間，多大なご尽力を頂戴しました，東海大学出版部　原　裕氏に心より感謝申し上げます．

なお，本文中のイラストは子供（麗沙）が書いてくれました．楽しみながら，学修が進められれば，嬉しい限りです．

2016 年 5 月
坂本　俊之

目次

まえがき　　iii

Ⅰ．システムとモーター ……………………………………………………………… 1

- 01　運動エネルギーを回収し再利用　　2
  ◆回生ブレーキシステムがエネルギー回収と利用を実現
- 02　エンジンを止めて燃費を稼ぐ　　4
  ◆アイドリングストップ＆スタートシステム
- 03　パラレルハイブリッド自動車　　6
  ◆ガソリン車と電気自動車を単純に組み合わせた方式のクルマ
- 04　シリーズハイブリッド自動車　　8
  ◆電気自動車の問題解決のために作られた方式のクルマ
- 05　シリーズ／パラレルハイブリッド自動車　　10
  ◆パラレル方式とシリーズ方式を合わせたハイブリッド自動車
- 06　ハイブリッド自動車の遊星歯車機構　　12
  ◆ハイブリッド自動車のように，複数の動力機構の伝達に最適
- 07　基本は直流モーターから　　14
  ◆直巻モーターの特性がハイブリッド自動車用には最適
- 08　内部は交流モーター　　16
  ◆電動車両は交流モーターを用いる
- 09　永久磁石型 DC ブラシレスモーター　　18
  ◆非接触かつコンパクトな構造の高トルク高効率モーター
- 10　注目される SR モーター　　20
  ◆電磁石で金属片を引きつける原理で回るモーター

コラム 1　仕事の納期と熱力学　　22

Ⅱ．力と運動 …………………………………………………………………………… 23

- 11　駆動力と慣性力　　24
  ◆駆動力と慣性力は釣合の関係
- 12　遠心力と向心力　　26
  ◆遠心力と向心力は釣合の関係
- 13　質量と慣性モーメント　　28
  ◆トルクを支配する慣性モーメント
- 14　タイヤの摩擦力とスリップ比　　30
  ◆摩擦力は摩擦面の広さには無関係
- 15　コーナリングフォースとコーナリングパワー　　32
  ◆横力でクルマは旋回する
- 16　走行抵抗　　34
  ◆転がり抵抗，空気抵抗，勾配抵抗と加速抵抗の 4 つ

- 17 キャスターとキャンバー　36
  - ◆復元力や横力で安定走行を実現
- 18 衝突と変形量　38
  - ◆衝突のエネルギーを車体変形で吸収し，乗員を保護
- 19 衝撃を緩和するバネ　40
  - ◆モデルの固有振動数を求めてみる
- 20 振動を抑えるダンパー　42
  - ◆ダンパーが受け止めて減衰力を発生
- 21 クルマの重心（前後方向の）　44
  - ◆前後方向の重心位置を求める
- 22 クルマの重心（左右方向の）　46
  - ◆左右方向の重心位置を求める
- 23 クルマの重心（上下方向の）　48
  - ◆クルマを傾斜させて高さ方向の重心位置を求める
- 24 せん断力と破壊　50
  - ◆せん断破壊は軸心と45度の方向をなす面で発生する
- 25 部材内部のせん断力　52
  - ◆せん断応力を打消す方向に補助せん断応力が発生
- 26 合成応力　54
  - ◆部材には曲げやねじりなどが合成されて働く場合が普通
- 27 断面2次モーメントと断面係数　56
  - ◆部材断面の形状に固有の値
- 28 軸と軸動力　58
  - ◆動力軸にはねじりモーメントが働く
- 29 軸のねじり　60
  - ◆ねじりトルクは軸半径方向の抵抗モーメントの総和に関係する
- コラム2　ハードとソフトの出荷検査　62

Ⅲ．エンジンシステム　63

- 30 車載電子部品とシステム制御　64
  - ◆環境・安全・快適性能の向上を目指して
- 31 アトキンソンサイクル　66
  - ◆膨張比サイクルで熱効率アップ
- 32 高効率エンジン　68
  - ◆高効率を高制御技術で実現
- 33 ガスエンジン　70
  - ◆天然ガスを燃料にした排気ガスがクリーンなエンジン
- 34 ディーゼルエンジン　72
  - ◆ディーゼルハイブリッドは燃費チャンピオン
- 35 クールドEGR　74
  - ◆排ガス再循環経路を冷却

36 SCR 技術　76
　◆尿素 SCR システムが普及

37 ギアレシオ　78
　◆パワーバンドで設定

38 ギアレシオの実際　80
　◆動力性能曲線図を例に見てみよう

39 エンジンチューン　82
　◆平均有効圧力を上げるとトルクが増大

40 エンジンと加速性能　84
　◆モーターがあってもミッションは必要

コラム3　ハラスメント考　86

Ⅳ. パワーエレクトロニクス　87

41 電力用半導体素子　88
　◆スイッチングにより電力変換

42 半導体とエネルギーバンド　90
　◆キャリアは電子と正孔

43 PN 接合半導体　92
　◆欠乏層が重要な役割を担う

44 IGBT 半導体　94
　◆電動車両用電力変換デバイス

45 インダクタンスと電流　96
　◆コイル電流は急激に変化できない

46 インダクタンスと定電圧源　98
　◆コイル電流の一周期収支はゼロ

47 回路の共振　100
　◆コイルとコンデンサの LC 共振回路

48 平滑整流回路　102
　◆電流方向を制限しリップルを取る

49 単相全波整流回路　104
　◆最高最低電圧間をダイオードでつなぐ

50 三相全波整流回路　106
　◆三相交流は動力系の電源

51 インバータ回路　108
　◆直流を交流へ変換する逆変換装置

52 車載電子部品のパッケージング　110
　◆電子製品の実装密度をアップ

53 車載電子部品の樹脂モールド　112
　◆樹脂で包んで環境性能をアップ

54 車載電子部品と搭載環境　114
　◆環境評価試験で信頼性を確保

コラム4　世界の工場と日本企業　116

V. エネルギーストレージ……117

- 55 金属リチウムを負極に使った二次電池　118
  - ◆金属リチウム電池は安全性に課題
- 56 リチウムイオン二次電池のデビュー　120
  - ◆安全性とサイクル寿命の問題を解決
- 57 リチウムイオン二次電池の反応　122
  - ◆ロッキングチェアー型電池反応
- 58 リチウムイオン二次電池の構造　124
  - ◆正／負極活物質，セパレーターと電解液により構成
- 59 リチウムイオン二次電池の正極　126
  - ◆正極のコバルトを他の金属と置換
- 60 リチウムイオン二次電池の負極　128
  - ◆負極は黒鉛などの炭素材料で構成
- 61 リチウムイオン二次電池の安全性（安全性因子）　130
  - ◆リチウムイオン電池は充放電環境で金属リチウムを析出する場合がある
- 62 リチウムイオン二次電池の安全性（発熱・熱暴走）　132
  - ◆低い温度から自己発熱反応が連鎖的に生じる
- 63 二次電池の評価パラメーター　134
  - 電池性能はエネルギー密度，出力密度で評価
- 64 二次電池の出力性能　136
  - ◆簡単に出力性能を見るには一定電力で充放電
- 65 二次電池の出力計算　138
  - ◆二次電池の出力性能を効率計算で簡単に求める
- 66 二次電池の今後　140
  - ◆次世代電池は理論的に高いポテンシャルだが，安定した電池性能は未知数
- コラム5　ハイブリッド車とスマートフォン　142

VI. 燃料電池……143

- 67 燃料電池ハイブリッド自動車　144
  - ◆エネルギーストレージと組み合わせてエネルギー源をハイブリッド化
- 68 燃料電池スタックシステム　146
  - ◆燃料電池システムは周辺のサブシステムと一体性能

あとがき　149

参考文献　151

索引　153

I. システムとモーター

　これから，ハイブリッド自動車の技術をテーマとして，自動車の基礎技術を学んで行きます．今日の自動車は，さまざまな技術をベースに作られています．一般的なガソリン自動車でも，機械技術以外が占める割合は，優に半分を越えるようになりました．ハイブリッド自動車は，二つ以上の動力機関を持つため，さらに複雑ですが，コンパクトにまとめ上がられているので，様々な基礎的技術を学ぶには，適していると思います．ここでは，ハイブリッド自動車が持つ特徴を説明し，システム構成と，内燃機関のほかに追加された動力機関となる，モーターについて見てみることにしましょう．

01 運動エネルギーを回収し再利用

◆回生ブレーキシステムがエネルギー回収と利用を実現

ボク：これからハイブリッド自動車について学びたいと思います．まず回生ブレーキシステムについてお聞きしたいと思います．

先輩：ブレーキング時に熱として捨てた運動エネルギーを回収し，エネルギーストレージへ電気エネルギーとして蓄電するものなんだ．発進時・追越し加速時など，エンジンパワーのアシストに用いるほか，クルマの一般電装品の駆動用電力へも利用する．回生ブレーキシステムは，エンジン単体を動力源とするクルマに対して，燃費が優れるといわれる主要技術の一つに上げることができるんだよ．

【解説】回生ブレーキシステムは，バッテリーを動力源として搭載している電気自動車でも利用できます．ただし，電気自動車の仲間である燃料電池自動車は別です．水素エネルギーを動力源として利用する燃料電池自動車は，一方向の反応（水の電気分解の逆方向の反応）によりエネルギーを取り出します．充電・放電という双方向の反応はできません．燃料電池自動車が回生エネルギーを利用するには，充電・放電のできる二次電池の搭載が必要です．特に説明しませんでしたが，充電できない一次電池は，ハイブリッド自動車などのエネルギーストレージとしては使えません．今まで捨てていたエネルギーが再利用できると聞くと，それだけでハイブリッド自動車の燃費が上がることは容易に理解できると思います．もう一つ燃費が上がる理由があります．電気として回収したエネルギーを好きな時に使えるシステムを持っていることです．エンジンは，走りはじめの時，トルクが出ません．このため，ミッションを使って必要なトルクが出せるようにしています．発進時は大きなトルクが必要ですので，エンジンは大分無理をします．燃費も大きく下がります．この領域をモーターが助けてくれると，余計な燃料を使わなくて済み，ハイブリッド車の燃費が上がります．

- 回生ブレーキシステムで運動エネルギーをエネルギーストレージへ回収
- 回収したエネルギーは発進時などに使え，燃費が向上

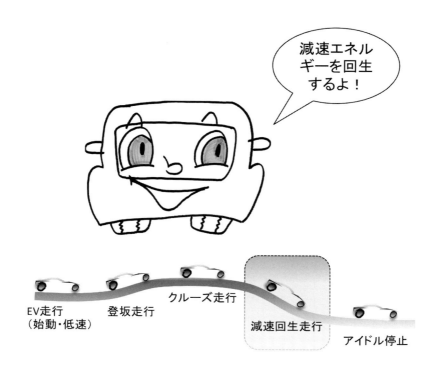

図 1-1. ハイブリッド自動車の走行モード

02 エンジンを止めて燃費を稼ぐ

◆アイドリングストップ＆スタートシステム

ボク：ハイブリッド自動車のアイドル停止機能は，信号待ちなどの停止中にエンジンが止まるので，とても環境に優しいシステムだと思います．
先輩：エンジンが動いていなければ，燃料は使わず，排気ガスも出ない．地球環境にやさしい，クリーンな車といえるんだね．都市部など，渋滞の多いところでは効果は絶大だ．なにしろ，5秒以上停止する場合は，再始動のエネルギーを考えてもおつりがくるからね．

【解説】ハイブリッド車に限らず，一般の自動車でも，積極的に様々な方式のシステムが導入されるようになりました．最も，導入に対する補助金制度や，東京都の条例（駐停車したときのエンジン停止を義務づける条例）が，後押ししている影響も大きいといえるでしょう．では，ハイブリッド車と，一般の自動車のシステムの間に，どの様な差があるのでしょうか．ハイブリッド車のシステムは，アイドルストップを前提につくられた完成度の高いシステムです．一般の自動車へシステムを後付した場合，アイドルストップすると，①頭脳となるECUの再始動にタイムラグが出て発進が遅れたり，②通常エンジン負圧を利用している真空倍力装置の負圧が抜けブレーキが利かなくなってしまったり，③停止中に電気エネルギーを使いバッテリーが上がってしまったり，④頻繁な再始動を前提に設計されていないバッテリーやセルモーターの寿命が短くなったり，⑤ドライバーの意思に反して，エンジンが再始動したり，再始動してくれなかったりと，ちょっと考えただけでも，戸惑うことがたくさん起こりそうです．ハイブリッド車は，これらの問題を想定して，設計段階から問題がないようにつくられています．ただし，ハイブリッド車でも，バッテリーのエネルギーが低下する問題を避けることができません．特に夏場の渋滞時に，エンジンを止めた状態で，バッテリーエネルギーを使いエアコンを動かすとてき面です．

●ハイブリッド車のアイドルストップシステムは安全面の完成度が高い
●アイドルストップ時のバッテリーのエネルギー低下問題は避けられない

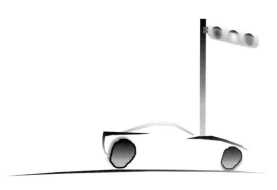

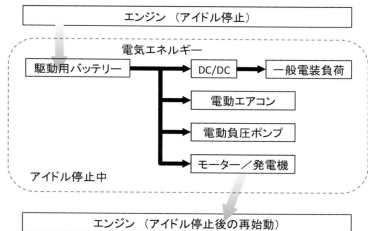

図 1-2. ハイブリッド自動車のアイドル停止

03 パラレルハイブリッド自動車

◆ガソリン車と電気自動車を単純に組み合わせた方式のクルマ

ボク：ハイブリッド自動車は，様々な方式があると聞きます．完成車メーカーは，独自に○○○システムと命名しているようですが，中身の違いが良くわかりません．簡単なところからお教えください．

先輩：ハイブリッド車は，簡単にいうとエンジンとモーターをトランスミッションでつないだ構成なんだ．一列につなげた構成がシリーズ方式，分離した構成がパラレル方式で，この二方式が基本構成となるよ．シリーズ方式が最もシンプルと思うのが普通なんだけど，エネルギー変換が間に入るため，実は複雑となってしまう．ガソリン車から発展したハイブリッド方式であるパラレル方式から見てみることにしよう．

【解説】パラレルハイブリッド自動車とは，エンジン自動車と電気自動車を単純に1台のクルマへ統合したクルマです．電動機能を止めてエンジンだけで走ることもできますし，逆にエンジンを止めて電気自動車として走ることもできます．機能的にシンプルですが，複雑な機能は持ち合わせていません．パラレル方式がガソリン車に対して優れている点は次の通りです．①エンジンは高効率領域（トルク～スピードマップ）で運転させることができます．②エンジンとモーターは直接駆動系へつなぐことができるのでエネルギーロスが少なくなり，駆動系の総合効率を上げることができます．パラレル方式は，シリーズ方式に比べてエネルギー変換回数が少なくて済む，といい換えることができます．③モーター（ブラシレスモーター）は，煩雑に起動停止を繰り返しても大丈夫なので，交差点などでクルマが停止している場合，エンジンを止めてしまうことができます．④モーターは減速時に発電機として機能できるので，回生エネルギーをバッテリーへ回収することができます．⑤発電機を新たに設けることは必要ないので，シリーズ方式に比べてシステムはコンパクトにできます．図1-3は，ハイブリッド方式の作動モードをまとめたものです．

●パラレル方式はシリーズ方式よりエネルギー変換が少なく高効率
●発電機を新たに設ける必要ないのでシリーズ方式に比べコンパクト

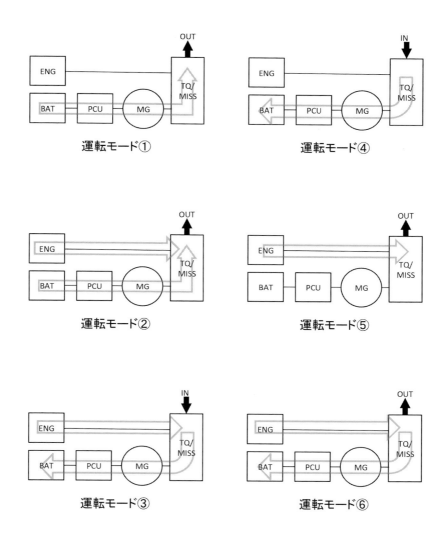

図 1-3. パラレルハイブリッド自動車運転モード

I. システムとモーター —— 7

04 シリーズハイブリッド自動車

◆電気自動車の問題解決のために作られた方式のクルマ

ボク：次はシリーズハイブリッド自動車でしょうか．シリーズ方式の成り立ちからお教えください．

先輩：シリーズハイブリッド自動車は，電気自動車の問題解決のために作られたクルマなんだ．電気自動車は，エネルギー効率がよく排気ガスがゼロで環境に優しいクルマなのは知っているだろう．しかし，一充電走行距離が少なく，充電時間も長く，電池の寿命も限られ，更に初期の導入費用も高額だ．そこで，シリーズハイブリッド自動車が導入されるようになったんだよ．

【解説】シリーズ方式では，2つ以上の動力源を使ってクルマを動かします．主動力としてはエンジンや燃料電池が，補助動力としては電池，スーパーキャパシターやフライホィールが相当します．これらは，機械的に直結する必要はないので，レイアウトの自由度はあります．市販車では，エンジンとモーターか，燃料電池とモーターの構成が殆どです．シリーズ方式では，燃費，排気ガスや電池充電量を制御するエネルギーマネジメント技術と，パワーエレクトロニクス技術により，高効率と高性能の両立を実現させました．シリーズ方式がガソリン車に対して優れている点は次の通りです．①エンジン・発電機セットを自由にレイアウトして駆動輪へ出力できます．②エンジンは，クルマの車速が大きく変化しても，狭い回転範囲となる高効率領域で引続き運転できます．③シリーズ方式は，アイドル停止・再始動にも高効率で運転できます．④エンジンは高効率領域で運転し，電池が分担する動力を制御することで，要求負荷に対応することができます．一方，劣っている点を上げると，①要求負荷を満足させるには，エンジン・発電機セットとモーターのサイズは，電気自動車よりも大きくなります．②郊外路や高速道路などの一定速の多い走行では，エネルギー変換が介在するので総合効率は悪くなります．図1-4は，シリーズ方式の作動モードをまとめたものです．

●エンジン・発電機セットを自由にレイアウトして駆動輪へ出力
●クルマの車速に係わらずエンジンは高効率の回転域で運転

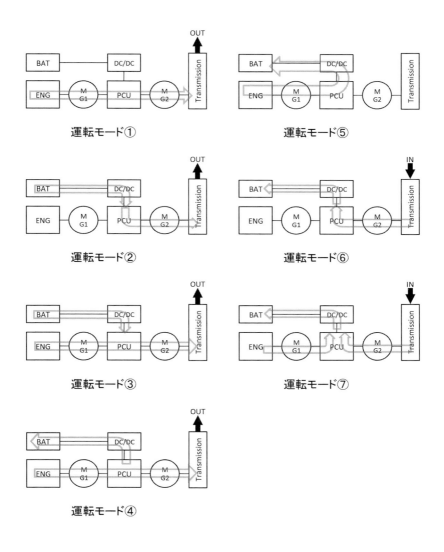

図 1-4. シリーズハイブリッド自動車運転モード

05 シリーズ／パラレルハイブリッド自動車

◆パラレル方式とシリーズ方式を合わせたハイブリッド自動車

ボク：パラレル方式とシリーズ方式を合わせると，燃費を取っても，運転しても，より優れたハイブリッド自動車になると思うのですが如何でしょうか．

先輩：シリーズとパラレルの両方式を備えたクルマは存在するよ．シリーズ／パラレルハイブリッド自動車は，パラレル方式に発電機を追加し，シリーズ方式に機械的リンク機構を追加して組み合わせたクルマといえる．総合燃費や運転制御性は良くなるものの，構成部品が増えて複雑化し，これにより価格も上がる要因となってしまうんだ．市販車では，トヨタプリウスなどが代表的なシリーズ／パラレルハイブリッド自動車だね．

【解説】シリーズ／パラレルハイブリッド方式には様々な構成があります．基本は，エンジンと，エネルギーストレージシステムを核とした1台以上のモーター／発電機，これらの動力配分／結合機構からなります．図1-5を使って運転モードについて説明します．①運転モード1：エンジンのクランキングモードです．モーター／発電機からエンジンを起動します．②運転モード2：エンジンモードです．エンジンと駆動輪を機械的に結合するか，電気へエネルギー変換して駆動輪を運転します．両者を併合する制御も可能です．③運転モード3：電動モードです．エンジンは休止させ，電池エネルギーのみで運転します．④運転モード4：ハイブリッドモードです．エンジンとバッテリーの双方から運転します．要求負荷が高い場合に用います．⑤運転モード5：エンジン駆動・充電モードです．エンジンは駆動と電池充電のためのエネルギーを供給します．⑥運転モード6：充電専用モードです．エンジンは電池充電だけ行います．⑦運転モード7：ブレーキ回生モードです．エンジンは停止若しくは切り離され，モーターは発電機となり運動エネルギーを電池へ回生します．⑧運転モード8：ハイブリッド充電モードです．エンジンと駆動軸双方から電池を充電します．

- ●パラレル方式に発電機を追加
- ●シリーズ方式に機械的リンク機構を追加

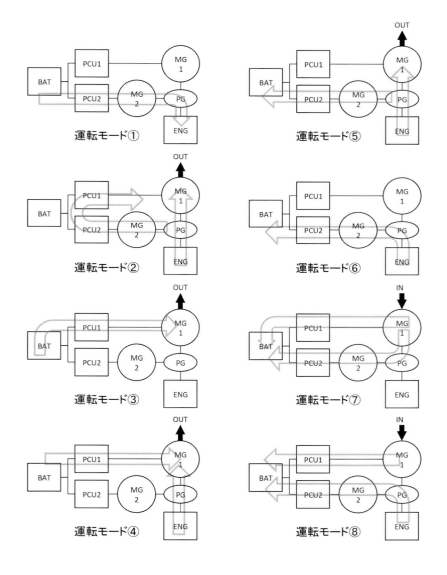

図 1-5. シリーズ／パラレルハイブリッド自動車運転モード

06 ハイブリッド自動車の遊星歯車機構

◆ハイブリッド自動車のように，複数の動力機構の伝達に最適

ボク：シリーズ／パラレルハイブリッド方式には，遊星歯車機構が採用されていると聞きました．動力伝達はどの様に行われるのかお教えください．

先輩：複数の動力機構を同軸上でコンパクトにまとめ，高負荷にも対応し，高効率に動力伝達できる最適な歯車機構として，プラネタリーギアがあるんだ．

【解説】遊星歯車機構は三部分にわけられます．図1-6は，内側にサンギア（s），外側にリングギア（r）が配置されています．両者の間には三枚のプラネットギアを設けています．プラネタリーギアは連結されキャリアギア（c）を形成します．レシオを ρ（＝サンギアの歯数 i_s／リングギアの歯数 i_r），サンギアの回転数を n_s，リングギアの回転数を n_r，キャリアギアの回転数を n_c とします．キャリアギアの回転数を，サンギア，リングギアの回転数とレシオを介して求めると式1の関係となります．式1に各ギアの歯数を入れ，整理すると式2が得られます．キャリアギアは，サンギアとリングギアの両方に，かみ合いながら回転します．式2の左辺は，キャリアギアが回転しサンギアとリングギアとかみ合う歯の総数です．右辺は，キャリアギアに回される，サンギアとリングギアのかみ合う歯の総数を，それぞれの回転数と歯数の積で求めています．式3は，サンギアとリングギアのトルク関係です．サンギア，リングギア，キャリアギアのトルクをそれぞれ T_s，T_r，T_c とします．キャリアギアを介した関係を入れ整理すると，レシオ ρ の関係となることがわかります．トヨタプリウスは，サンギアに発電機，リングギアにモーター，キャリアギアにエンジンが結合します．モーターは，サンギア発電機からの電気的仕事で回転し，リングギアからも機械的仕事を受け回されます．式4は，モーターと，モーター軸端のトルクと回転数を，それぞれ T_m，n_m と，T_x，n_x とした場合，モーター軸端の仕事を，電気的，機械的関係から整理しています．

● 内側にサンギア，外側にリングギアを配置
● 両者中央のキャリアギアの一歯当たりのトルクから伝達動力が見える

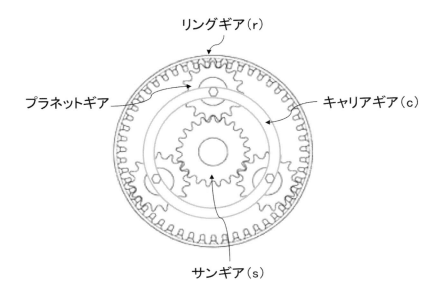

図 1-6. 遊星歯車機構

$$(1+\rho) \cdot n_c = \rho \cdot n_s + n_r \quad \text{(式 1)}$$

$$i_s \cdot n_c + i_r \cdot n_c = i_s \cdot n_s + i_r \cdot n_r \quad \text{(式 2)}$$

$$\frac{T_s}{T_r} = \left(\frac{T_s}{T_c} \cdot \frac{T_c}{T_r} = \frac{\rho}{1+\rho} \cdot \frac{1+\rho}{1} = \rho \right) = \frac{i_s}{i_r} \quad \text{(式 3)}$$

$$n_x \cdot T_x = n_m \cdot T_m + n_r \cdot T_r \quad \text{(式 4)}$$

07 基本は直流モーターから

◆直巻モーターの特性がハイブリッド自動車用には最適

ボク：モーターは産業界で以前より使われています．最近は小型高性能化が進み，模型航空競技の動力部として見かけます．ハイブリッド車でも高度な技術が使われていると思います．モーター技術について理解が浅いので，基本的なところから教えてください．

先輩：ハイブリッド車は，永久磁石型ブラシレスモーター（DCブラシレスモーター）が主に用いられるんだ．モーターの中身は，交流モーター（ACモーター）なんだが，クルマの幅広いドライブレンジがカバーできるよう，直流モーター（DCモーター）の特性を持っている．モーターの基本となる直流モーターから見てみよう．

【解説】直流モーターは，内部で回転するローターと，外枠のステータから構成されます．電流の流れる向きと，磁束の向きが直角の時に一番大きい力が起こります（フレミングの左手則）．ステータには磁束（界磁 B）の役割を，ローターには電流（電機子電流 I）を流すことで，モーターは力（F）を出します．電流が流れると周りには磁界ができるので，ステータ界磁は電流で発生させます．界磁は発生させる方法により3分類できます．①電機子電流を直接流す方法（直巻），②電機子電流の一部を分岐させて流す方法（分巻）または他電源を使って電流を流す方法（他励），③上記の直巻と分巻を組み合わせて電流を流す方法（複巻）があります．ハイブリッド自動車用モーターでは，起動時のトルクが大きく，高回転まで回せることが求められるため，①の直巻の特性が適切といえます．一方，ローターとの電流のやり取りは，ローターに設けたスリップリングと，ステータ側のブラシを接触させて行います．機械的に接触するため，トルクリップルが発生し，回転数にも上限があります．ブラシ摩耗も起るため定期的なメンテナンスが必要となり，信頼性も落ちてしまいます．このため，ハイブリッド自動車用モーターは，ブラシを使わない，永久磁石型ブラシレスモーターを用いることになりました．

- ●電機子電流と界磁（磁束）によりモーターはトルクを発生
- ●ブラシがあるためトルクリップル，上限回転数，低信頼性などの制約

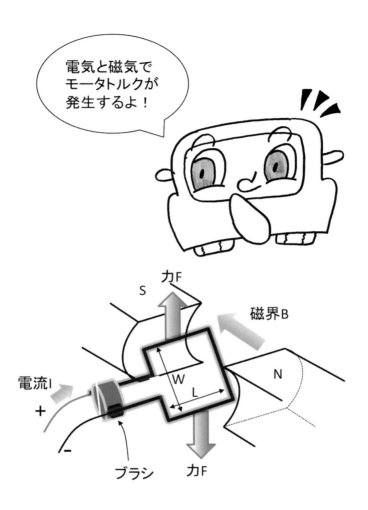

図 1-7. ブラシ付き直流モーター

08 内部は交流モーター

◆電動車両は交流モーターを用いる

ボク：電気自動車やハイブリッド自動車では，どのようなモーターが使われているのでしょうか．

先輩：多くは交流モーター（ACモーター）が使われるんだ．ACモーターは大きくわけると2分類でき，誘導型モーター（インダクションモーター）と永久磁石型ブラシレスモーター（DCブラシレスモーター）からなるといえるんだ．

【解説】インダクションモーターは，長年に渡り産業界で最も多く使われていて，完成度の高いモーターです．インダクションモーターは，巻線型と，かご型の2方式があります．作りやすさ，重量や価格の面から，かご型に軍配が上がります．従ってインダクションモーターというと一般にかご型を指します．ACモーターはブラシを持たないためメンテナンスフリーといえますが，インダクションモーターは上記の他に，ローターにスキューを設けることて滑らかな回転が可能で，最適なACモーターといえます．一方，DCブラシレスモーターは，電動車両に適したモーターです．クルマは，エネルギー搭載量に制限があるため，小型高効率高出力のDCブラシレスモーターは最適です．ただし，永久磁石に用いる高磁力材のコストと，磁力が電流がつくる磁力のように制御できない問題は残ります．ブラシレスモーターは，モーター回転の滑らかさにより，DCブラシレスモーターとACブラシレスモーターが存在します．ACブラシレスモーターは，電流がサイン波の形で滑らかに流れますが，DCブラシレスモーターでは，電流は矩形波（台形波）の形なので波形端でトルクの起伏が大きく現れます．DCブラシレスモーターは，ローターに設ける永久磁石のレイアウトにより，表面実装型（SPM）と内部埋めこみ型（IPM）があります．IPM型は，遠心力による磁石の飛散を防止する機能と，モーターのリラクタンスエネルギーを利用する機能を合わせ持ちます．また，高回転領域で運転するためには弱め界磁制御を行いますが，IPMはSPMに比べて効果が優れます．

●電機子電流と界磁（磁束）によりモーターはトルクを発生
●ブラシがあるためトルクリップル，上限回転数，低信頼性などの制約

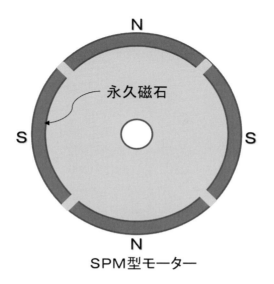

SPM型モーター

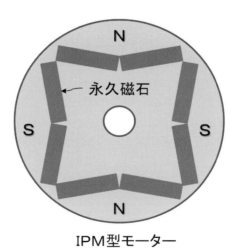

IPM型モーター

図1-8. ブラシレスモーターのローター磁極位置

09 永久磁石型 DC ブラシレスモーター

◆非接触かつコンパクトな構造の高トルク高効率モーター

ボク：多くの電動車両に使われるようになった永久磁石型 DC ブラシレスモーターについて，もう少し詳しく説明してください．

先輩：高性能の永久磁石は，その高い起磁力を使ってモーター界磁としている．電流を流して磁界を発生させる必要はないので，非接触かつコンパクトな構造の高トルク高効率モーターが実現するんだ．電動車両に数多く採用されている理由なんだね．

【解説】電動車両用途の永久磁石型 DC ブラシレスモーターのトルク（出力）―スピード特性を図 1-9 に示します．電動車両では，起動トルクは太く，高負荷にも対応でき，幅広いスピード範囲で効率良く運転できるモーターが望まれます．このため，モーター構造は，永久磁石を回転子（ローター）に配置したタイプ，固定子（ステータ）に配置したタイプや磁力を調整できるタイプなどが作られました．モータートルクを発生させる場合，永久磁石の起磁力を用いるのに加え，どのモーターも大なり小なり備えているリラクタンストルクを上手に利用するモーターも出てきました．一方で，高負荷時や高トルクモーターで顕著に見られるトルクリップル問題，高回転まで運転する場合に必要となる界磁の弱め制御の問題，モーターが高温になると心配される永久磁石の減磁問題などを解決することが必要です．モーターは回転すると逆起電力を発生しますが，台形波のように角ばった波形で切り換える場合，トルクリップルは発生するものの，簡単なホール素子で位置をセンシングすれば十分制御できます．滑らかな正弦波形の場合，トルクリップルはなくなりますが，高精度のレゾルバーを使い制御精度を高める必要があります．最近では，センサーを使わないでモーター制御するセンサレスベクトル制御というユニークな方法も実用化されています．モーター制御は，電流を直交する 2 軸（d-q 軸）に分けてベクトル制御する手法が一般的であるといえます．

- ●永久磁石とモーターリラクタンスを使いトルクを発生
- ●トルクリップル，弱め界磁制御，高温減磁が課題

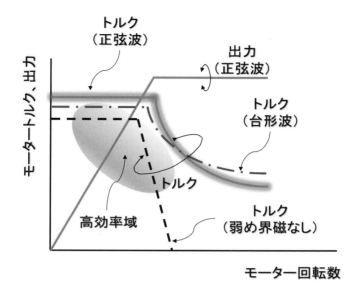

図1-9. モーター特性（永久磁石型 DC ブラシレスモーター）

10 注目されるSRモーター

◆電磁石で金属片を引きつける原理で回るモーター

ボク：自転車修理をしていたら，外したナットが手が入らない側溝へ落ちてしまいました．そばで見ていた女の子が，理科の実験で使った磁石を長い棒に巻きつけて，ナットを拾い上げてくれました．

先輩：磁石は磁力をコントロールできないが，電磁石であれば可能だね．女の子が拾ってくれた磁石とナット（強磁性のある金属片）の原理を使ったモーターが，可変式リラクタンスモーター（SRモーター）と呼ばれ，今注目されているんだ．

【解説】SRモーターは，ナットに相当する回転子と，電磁石に相当する固定子を同心円上に配置します．固定子に設けた電磁石で吸引力を発生させますが，回転子を固定子から少しずらして置くと，円周方向へ回りながら引きつけられます．固定子と回転子が完全に向き合うと動きは止まりますが，向き合う手前で電磁石の通電を切り，更に隣の電磁石を通電させると，回転子は回り続けることになります．この関係を繰り返してトルクを発生するのがSRRモーターです．SRモーターの回転子にはDCブラシレスモーターのように永久磁石がなく，直流機のように巻線はありません．構造が簡単なので，安価であり堅牢です．巻線などの発熱部がないので熱的にも有利です．永久磁石を使う場合は，高温での減磁が心配ですが，この問題もないので熱に強いモーターといえます．このため，原子炉の制御棒の位置をコントロールするモーターに使われています．電磁石の原理を使っているので，位置をホールドする位置決め制御は得意とします．直流機のブラシのように接触して火花を発生させることもないので防爆用モーターとして利用されます．小型用では，ステップモーターとして実用化されていました．大型用では，モーターのコギングトルクによる振動，騒音の問題があり商品化が難しがったのですが，シミュレーションによる最適設計や，パワーエレクトロニクスとコンピュータ制御技術の進展により，電動車両用モーターとして注目されています．

●ローターは巻線などの発熱部がないので熱的にも有利
●モーターの振動・騒音はコンピュータによる最適設計と制御技術でカバー

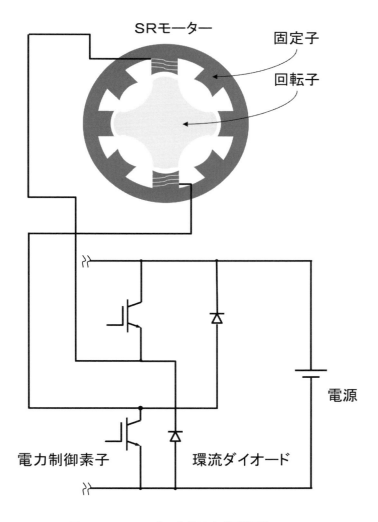

図 1-10. SR モーターとドライブ制御回路

コラム 1
仕事の納期と熱力学

　大学では学生実験の一部のコマ数を割いて工場見学を実施しています．卒業生が見学の対応をしてくださる企業さんもあり，僅かな機会ですが学生にとっては得るものが多いようです．学生は，はじめて見聞きすることも多いため，見学後の質問タイムでは多くの質問が出ます．製品の品質維持の説明を受け，学生からは他に注力されていることについて質問が出ました．「納期です」という答えがあり，納期の長短で完成品の仕上がりの良し悪しも決まるとの説明がありました．この回答は，完成品の仕上がりの良し悪しを顧客の希望納期のせいにしており，安定した品質の製品が出荷できていないことを述べていることになります．学生も違和感を覚えたようです．

　この問題についてタービン仕事を例にとり，熱力学でいうエネルギー保存の法則から考えてみましょう．タービン入口では，「さあ，これから仕事するぞ」というポテンシャルエネルギーであるエンタルピー（$H1$）は，入口の気体圧力（$P1$）と体積（$V1$）の積と，入口の気体の持つ内部エネルギー（$U1$）との和（$H1=P1×V1+U1$）で表すことができます．タービン出口では圧力（$P2$）と体積（$V2$）となり，出口ではエンタルピー（$H2=P2×V2+U2$）となって排出されます．従って，タービン仕事（W）は，入口と出口のエンタルピーの差（$W=U1-U2$）となります．熱力学では時間の観念がないので，十分なタービン仕事ができます．実社会では，納期という期限があるため，きちんとした製品を出荷したいのですが，途中で切り上げる必要（タービン内で$P2$まで仕事をさせる手前で排出）が出てきて担当者の努力ではどうにもならない場合があります．この状況に対して，人を投入する（$V1+$），力のあるベテランを投入する（$P1+$）など，管理監督側で対処し，きちんとした製品を納期通りに出荷するサポートが必要となります．担当者は，自助努力すべきことは勿論ですが，きちんとした製品送り届けるためには，日程計画を睨んで声をあげることは，恥ずべきことではなく必要なことなのです．

II. 力と運動

　自動車には，さまざまな力が働いています．身近な乗り物である電車で考えると，駅から出発して加速すれば，体は後方へ持って行かれます．次の駅に到着する手前の減速時には，体は前方へ持って行かれます．体に加減速が加わることは，いいかえると，体に力が加わることなのです．体に加わる力は，電車の動きと逆方向の力なので，慣性力と呼びます．自動車の場合も，同様の力は働くのですが，乗員に不安を与えないように，さらに進んで，ドライバーが自動車に加わる力をコントロールできるように，いろいろなテクノロジーが入っています．この章では，自動車に加わる力からはじめて，この力を，自動車がどのように料理するのか，自動車の基礎技術を学びます．最後の方で，自動車部材に加わる力を，材料力学的視点で確認し直します．

11 駆動力と慣性力

◆駆動力と慣性力は釣合の関係

ボク：普通の自動車のようにハイブリッド車もアクセルを踏むと加速するし，ブレーキを踏むと減速します．でも，乗っている自分の体は車の動きと逆らう様に移動します．これってどうしてなのですか．

先輩：パワープラントから自動車へ駆動力が働くと加速するし，タイヤと路面に摩擦力が働くと減速するのはわかるね．だが，凍結路などでは思った様に加減速してくれない．これは同じ状態を続けようとする慣性力が影響している．君の体にも働いているんだよ．

【解説】 自動車に外力（F[N]）が働くと加減速（$a[m/s^2]$）しますが，車重（m[kg]）に応じた加減速度となります（F＝ma）．同時に自動車には外力と逆向きの慣性力（U[N]）も働きます（U＝マイナスma）．両者は釣り合いの関係にあるため，作用反作用の関係にあると考えることができます（F＋U＝ゼロ）．自動車は，静止していても重力加速度（g）が働いています（F＝mg）．自動車が加速する場合は，重力加速度に抗した駆動力が必要な訳ではありません．ここにはタイヤと路面との摩擦係数（μ）が介在します．駆動力は摩擦係数との関係となります（F＝μmg）．摩擦係数（μ）は1より小さい値です．ここで，駆動時の加速度を普段体感している重力加速度「g」を基準に表現すると，「μg」となります．自動車が加速する場合，通常は「0.2 g」程度ですし，急減速する場合でもその3〜4倍程度で収まります．自動車の加速度を計測する場合，gセンサー（加速度センサー）を用います．gセンサーは，乗員と同じく車に乗せて測定するので，計測しているのは加速度ではなく慣性力（U）を測定していることになります．中身はピエゾ素子が入っており，素子に慣性力が加わることで歪みを発生させてこれを電圧変換します．ハイブリッド車は，パワースイッチング素子からの電磁界が強いため，gセンサーには電磁シールド対策などを強化する必要があります．

●自動車の加速には，タイヤと路面との摩擦係数（μ）が介在
●加速度センサーは，加速度ではなく慣性力を測定

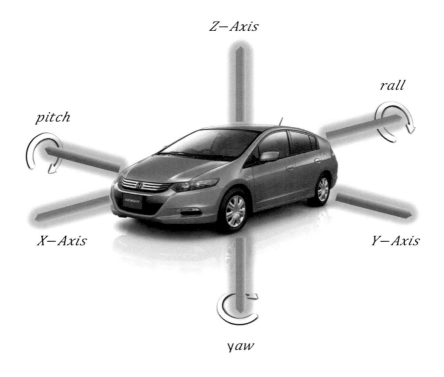

図 2-1．クルマの並進運動と回転運動
出典：本田技研工業（株）広報部

12 遠心力と向心力

◆遠心力と向心力は釣合の関係

ボク：自動車でカーブを曲がると遠心力で外側へ体が持って行かれます．速度をさげても，またできるだけ一定の速度を保って旋回しても，程度の差はあれ遠心力を感じます．遠心力は力の一種と思うのですが，学校では，力は加速をともなうと習いました．ボクは加速運転している積りはないのですが．

先輩：例えば，バレーボールをボールネットに入れて振り回すと，ボールには遠心力が働きネットを掴んでいる手には向心力が働くことになるね．手をネットから離すと，もはや向心力は働かないので，当然ボールは飛んでゆく．自動車は旋回する場合，旋回中心にロープでつながれている訳でもなく，また旋回円から外れ飛ぶわけでもないよね．この問題には別に答えるとして，まずは遠心力から見てみよう．

【解説】旋回では，遠心力の働きを誰でも体感できると思います．固定座標系で考えると，遠心力は力なので，速度の変化である加速度をともないます．これを速度の微小変化で表すと式5のように書けます．では，一定の速度で円旋回している場合はどうでしょうか．速度の変化はないため，式5から加速度はゼロとなり，遠心力はかかりません．本当でしょうか？　答えは，速度変化はあり，遠心力も存在します．図2-2を見てみましょう．定常速度で円旋回している場合，時間(t)の速度($v(t)$)と微小時間経過後($t+\Delta t$)の速度($v(t+\Delta t)$)の大きさは同一です．しかし，速度の方向に違いが出ています(Δv)．この速度変化が旋回時の加速度の正体です．旋回角度の変化($\Delta \theta$)から，速度変化の関係を求め($\Delta v = v \cdot \Delta \theta$)，微小時間の移動とすると，旋回時の加速度($\alpha$)が，式6の通り求まります．時間当たりの旋回角度の変化($\Delta \theta / \Delta t$)は角速度(ω)となります．以上から，遠心力(F)は，旋回半径(r)を使い，良く見かける式7となります．車には遠心力と釣り合う形で向心力が作用し旋回円をトレースします．

●一定の速度で円旋回しても遠心力は働く
●遠心力は力なので速度の変化をともなう

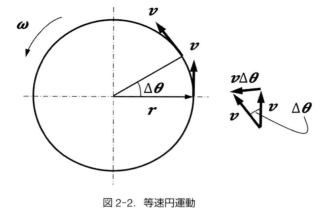

図 2-2. 等速円運動

$$\alpha = \frac{\Delta v}{\Delta t} = \frac{v(t + \Delta t) - v(t)}{\Delta t} \qquad \text{(式 5)}$$

$$\alpha = \frac{v\Delta\theta}{\Delta t} = \frac{r\omega\Delta\theta}{\Delta t} = r\omega^2 \qquad \text{(式 6)}$$

$$F = m\alpha = mr\omega^2 \qquad \text{(式 7)}$$

13 質量と慣性モーメント

◆トルクを支配する慣性モーメント

ボク：ハイブリッド車はエンジンの他にモーターなど，パワープラントを構成する機器が増えています．当然，重量アップの要因だと思いますし，車としてのレスポンスも良いとは思えません．

先輩：ハイブリッド車は，エンジンとモーターなど複数の動力源を載せるため重量アップ，コストアップなどの要因を含んでいるんだ．複数の動力源を単純に搭載するのではなく，ハード的にもコンパクトにまとめ，かつ賢くコントロールすることで，従来できなかった高い燃費性能や動力能性を実現できるんだね．

【解説】ハイブリッド車では，複数の動力源が回転運動します．回転体の運動は，直線運動と違い，設計に当たり考慮しなければならない問題があります．回転運動では，回転軸を中心にトルクを与える必要があります（図2-3）．トルク（$T[N \cdot m]$）は，腕の長さである回転半径（$r[m]$）と力（$F[N]$）とに関係します（$T = r \cdot F$）．この場合の力（F）は，回転体の質量（$m[kg]$）と，加速度（a）とすると（$F = m \cdot a$）となります．この時の加速度（$a[m/s^2]$）は，回転円の接線方向の加速度なので角加速度（$\dot{\omega} = \frac{d\omega}{dt} [rad/s^2]$）を使い回転半径（$r$）との関係から加速度（$a = r \cdot \dot{\omega}$）となります．これは，円周方向の速度（$v[m/s]$）が，角速度（$\omega[rad/s]$）と，回転半径（$r$）との関係から（$v = r \cdot \omega$）となるのと同じ理屈です．

そこで，トルク（T）は，式8の様に書くことができます．式8のなかで（$m \cdot r^2$）は慣性モーメント（J）を表します．式8をまとめ直したのが式9です．比較のため，一般に力の関係式を式10に上げます．質量（m）に対応するものが慣性モーメント（J）です．慣性モーメントは，質量が変らなくても，回転半径の二乗に効いてきます．コンパクトにまとめないと大きなトルクが必要となります．プリウスは遊星ギアを用いてエンジン／モーター／発電機を同軸上にコンパクトにまとめた設計です．

- ●回転運動では慣性モーメントを考慮
- ●複数の動力源を同軸上にコンパクトにまとめる

図 2-3. 回転運動

$$T = F \cdot r = m a \cdot r = m r \dot{\omega} \cdot r \quad \text{(式 8)}$$

$$T = J \cdot \dot{\omega} \quad \text{(式 9)}$$

$$F = m \cdot \dot{v} \quad \text{(式 10)}$$

14 タイヤの摩擦力とスリップ比

◆摩擦力は摩擦面の広さには無関係

ボク：ハイブリッド車は燃費を狙っているため，タイヤも普通のクルマより華奢な感じがします．雨の日にグリップが甘くてスリップしたり，雪の日にスタックして抜け出さなくなった場合が心配です．

先輩：タイヤと路面間には摩擦係数（μ）が介在するのは知っているよね．路面状況により摩擦係数は大きく変わるんだ．ウエットや積雪路では急加速や急制動は避け，走行中危険を感じた場合は，タイヤをスリップさせないで，まずはスピードを落とすことが肝要だね．これはウェット路では高速車ほど，すべり摩擦係数が低下するためなんだ（図2-4）．

【解説】自動車のタイヤと路面の間には摩擦があり，摩擦力に打ち勝たないとクルマは走りだしません．摩擦力の大きさは摩擦面の広さには無関係で，自動車が路面を押す力に対して，路面が押し返す反力（抗力）に比例します．ハイブリッド車のタイヤが華奢に見えても，しっかりと摩擦力が働いていれば問題はありません．クルマが走行している場合，摩擦力はタイヤと路面の相対的な速度により変わります．半径（$r[m]$）のタイヤが1回転すると距離（$L[m]$）は「$L=2\pi r$」となるのはご存じでしょう．では，タイヤが「θ（ラジアン）」回ると，移動距離は「$L=\theta\cdot r$」となりますね．移動時間（$t[s]$）とすると車速（$v[m/s]$）は「$v=r\cdot\theta/t$」となります．「θ/t」は角速度（ω）なので「$v=r\cdot\omega$」と書けます．加速の場合は，タイヤが回転し，車を加速させるので「$v<r\cdot\omega$」の大小関係になります．この「$r\cdot\omega$」を基準にしてタイヤのスリップ比（s）を求めて見ると「$s=(v-r\cdot\omega)/r\cdot\omega$」と負の値になります．減速の場合は，走っている状態からタイヤに制動をかけるので「$v>r\cdot\omega$」の大小関係になります．この場合は「v」が基準となるのでスリップ比を求めて見ると「$s=(v-r\cdot\omega)/v$」と正の値になります．スリップ比がマイナス0.1～プラス0.1までの間は比例関係にあり±0.2付近で最大の摩擦力が得られます．

● タイヤが華奢に見えても，しっかりと摩擦力が働いていれば問題なし
● スリップ（s=±0.2付近）で摩擦力は最大となる

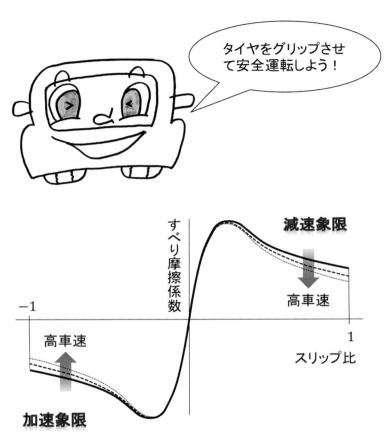

図 2-4. タイヤのすべり摩擦係数
（ウェット路では高車速ほどすべり摩擦係数が低下）

15 コーナリングフォースとコーナリングパワー

◆横力でクルマは旋回する

ボク：ハイブリッド車や電気自動車などの電動機能を備えた車両は操安性が優れていると聞いています．ワインディング路などを走る場合，旋回しながら加減速しますが，タイヤにはどの様な力が働いているのでしょうか．

先輩：直進状態から転舵するとタイヤには横力というコーナリングフォースが加わり，ハンドルを切った方向に曲がってくる．この時のタイヤ接地面と路面の関係は少し複雑で限界もあるんだ．説明しようね．

【解説】クルマが直進している状態からハンドルを右に切ったとします．タイヤ接地面は路面に対してねじれが発生し，クルマの進行方向に対して横滑り状態となります．横滑りしているタイヤは，路面を横滑りしている方向に押すので，路面からは横滑りと反対の方向へ押し返され，クルマは転舵した方向へ曲がります．この押し返される力を横力（コーナリングフォース F）といいます．クルマの進行方向とタイヤの向いている方向との角度を横滑り角（タイヤスリップアングル α）とすると，横力 F[N] は，比例係数を A とすると「$F = A\alpha$」の関係があります．この比例係数 A は，コーナリングパワーといい，タイヤと路面の摩擦係数のように，タイヤ性能と路面状況に応じて変化します．またタイヤ接地荷重の大小によっても影響を受けます．このため横力も変化することになりますが，前述の通り限界があります．タイヤが授受する力は，タイヤの摩擦円を描くと良くわかります．タイヤの摩擦円において，前後方向の力は，それぞれ駆動力，制動力となります．左右方向の力は，それぞれ左横力，右横力となります（図2-5）．タイヤのスリップ比が限度を越えると，タイヤはスリップし出し，横力が働かなくなります．これは，タイヤに働く力がタイヤの摩擦円を越えた状態になっており，タイヤの限界（スリップ限界）を越えていることを意味します．

- ●横力はコーナリングパワーと横滑り角の積（限度あり）
- ●タイヤの摩擦円を越える領域は，タイヤ限界を越える領域

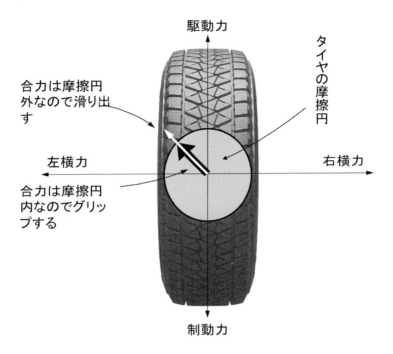

図 2-5. タイヤの摩擦円
（摩擦円が大きいとグリップ力は向上）

16 走行抵抗

◆転がり抵抗，空気抵抗，勾配抵抗と加速抵抗の 4 つ

ボク：ハイブリッド車は，車種専用の低燃費タイヤが指定されていたり，一般の乗用車と扱いが違っています．ハイブリッド車の走行を妨げる抵抗にはどの様なものがあるのでしょうか．

先輩：ハイブリッド車では車体を軽量化し，突起物をなくし空気の巻き込みを防いだり，ドライバーがアクセル操作してもなるべく燃費が落ちない加速ラインをトレースする制御が入っていたりなど，クルマの走行を妨げる抵抗要素の低減が図られているんだ．

【解説】走行抵抗は，転がり抵抗，空気抵抗，勾配抵抗と加速抵抗の 4 つが上げられます（図 2-6）．まず転がり抵抗から，ハイブリッド車について詳しく見てみましょう．タイヤは一般に複数のバネに例えられます．金属製のバネ（弾性体）とは違い，ゴム（粘弾性体）製なので加えられた力は，変形により熱に変換されエネルギーロスとなります．走行条件にもよりますが，低燃費タイヤで数％の燃費向上が期待できます．次に空気抵抗（$Ra[N]$）ですが，一般に 80 km/h を超える速度域から空気抵抗の影響が増大します．空気抵抗は速度 $v[m/s]$ の 2 乗に比例し，前方から風を受ける前面投影面積（$A[m^2]$）に比例して増大します．ボディが抗力（空気抵抗）を抑えた形状の場合，低減します．この抗力係数を Cd 値といい，空気密度（$\rho[kg/m^3]$）より，$Ra = \rho \cdot Cd \cdot A \cdot v^2 / 2$ と表せます．プリウス（3 代目）では Cd＝0.25，CdA＝0.65 まで低減されています．勾配抵抗（$Rg[N]$）は，車両総重量の勾配面に沿った分力成分です．車両総重量（$W[N]$）のクルマが路面勾配（θ）を登坂する場合，$Rg = W \cdot \sin\theta$ となります．加速抵抗は，加速の際の抵抗分で，車両重量と回転部分の相当重量の和と，加速度との積です．加速抵抗は要求加速度に比例して増大するため，低燃費を狙った加速ラインのトレース制御がプログラムされているハイブリッド車もあります．

- ●低燃費タイヤと抗力低減ボディ
- ●低燃費を狙った加速ラインのトレース制御

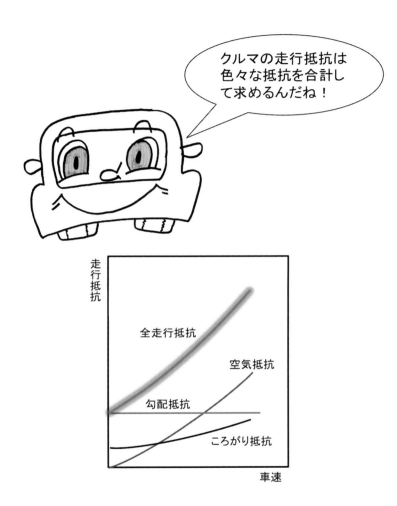

図 2-6. 走行抵抗

17 キャスターとキャンバー
◆復元力や横力で安定走行を実現

ボク：ハイブリッド車に装着されている低燃費タイヤの意義は十分わかりましたが，やはりタイヤはホィールを含め，小型軽量化されていて，華奢に見えます．操縦安定性は大丈夫かどうか不安です．

先輩：ハイブリッド車の足回りにもキャスター角やキャンバー角が設けてあり直進安定性やハンドルの復元力を担保しているんだ（図2-7）．キャスターとキャンバーは，どの様な役割をするのか見てみよう．

【解説】 スーツケース，イスやピアノの脚にコロがあるのを見たことがあると思います．これらもキャスターと呼び，ハイブリッド車のキャスターと同じ役割を担います．よく見るとコロの取り付け部分と，コロが地面と接触する部分は真下にはなく，進行方向に対して離れています．この腕の長さに相当する距離をトレールと呼びます．コロは取り付け部を中心に左右に動きます．コロが地面と接触する部分がどちらかに動くと，押し戻す力が地面から加えられます．力が強すぎてコロが逆方向へ動けば同じく逆方向から押し返されます．トレールが設けてあるため力が復元トルクとなり，スーツケースは進行方向から外れることなく引っ張ることができるのです．自動車では，この力を横力（コーナリングフォース）といい，復元トルクをセルフアライニングトルクといいます．トレールは，サスペンションのジオメトリーを調整して，垂直軸から傾斜を設けた仮想のキングピン軸を設定します．キングピン軸の延長線が地面と交差する点と，タイヤの横力点との間がトレールとなります．自転車のフロントフォークが傾斜していますが，フォークの延長線が地面と交差する点とタイヤの横力点間がトレールとなるのと同じ理屈です．この垂直軸と傾斜軸間の角度がキャスター角です．キャンバーは電車でおじさんが股を広げて座っている様にタイヤが開いて横力が最初から存在する状態で，進行方向を安定させる役割があります．

●スーツケースの脚に取り付けたキャスターと同じ役割
●キャンバー角やキャスター角を設けると操安性が向上

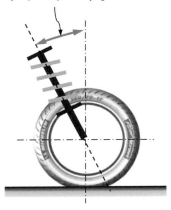

図 2-7. キャスター角とキャンバー角

18 衝突と変形量

◆衝突のエネルギーを車体変形で吸収し，乗員を保護

ボク：車体を軽量化したハイブリッド車は，衝突事故を起こしたり，衝突事故に巻き込まれた場合，乗員はエアバッグで保護されると思いますが，クルマとしては強そうに思えません．大丈夫でしょうか．

先輩：ハイブリッド車を含めた最近のクルマは，車体を変形させて衝撃エネルギーを吸収し，乗員を保護する設計に変っているね．バンパーは，スチールから樹脂になったが，軽微な衝突であれば，樹脂が一時変形して衝撃エネルギーを吸収し，元に戻ることで衝撃エネルギーを掃出すため，傷がつく程度で衝突の事実が確認できない場合もあるんだ．

【解説】ある車速（$v[m/s]$）で走行の質量（$m[kg]$）のクルマが壁などに力（$F[N]$）で衝突した場合，車体が変形（$s[m]$）します．簡単のため，クルマが跳ね返ることがなく全て衝突にエネルギーが費やされたとします．エネルギー保存の法則から，衝突前のクルマの運動エネルギー「$1/2・m・v^2 [J(=N・m)]$」は，クルマの変形エネルギー「$F・s[J]$」と等しくなります．衝突時の平均減速加速度（$a[kg/s^2]$）とすると，「$1/2・m・v^2=m・a・s$」となり，両辺から質量（m）が消去でき，衝突前の速度と衝突後の変形量から，衝突のすごさがわかる減速加速度が求まります「$a=1/2/s・v^2$」．車両同士が衝突した場合を考えます．車両Aと車両Bが，衝突前後で図2-8に示した速度の関係となった場合，面積s1は衝突時の車体変形量であり，面積s2は衝突後の車体戻り量となります．衝突事故後に車体変形量を測定した場合，s1とs2の差分だけしか車体は変形していないため，事故後の検分は注意が必要です．衝突のエネルギーは両方の車両が分担しますが，弱いクルマの方がより大きく変形します．衝突のエネルギーを車体変形で吸収し，乗員を保護する設計思想ですが，相手車両が強すぎてキャビン内まで変形する場合は，乗員に危害が及ぶので注意が必要です．

● 衝突前の車速と衝突後の変形量から，衝突時の減速加速度が予測できる
● 衝突事故後の車体変形量の測定には，車体戻り量を考慮すべき

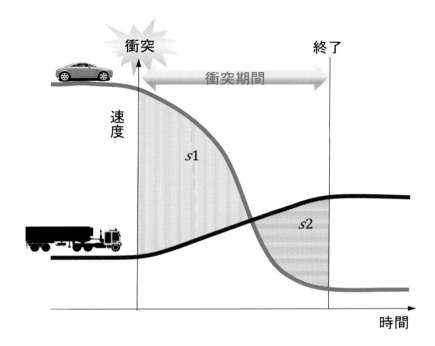

図 2-8. 衝突期間

19 衝撃を緩和するバネ

◆モデルの固有振動数を求めてみる

ボク：モーターが動力を担うとはいえ，ハイブリッド車にはエンジンもあるので振動は無くならないと思います．プラグインハイブリッド車でエンジンを使わない電気自動車モードでは，振動問題はないと考えて良いのでしょうか．

先輩：クルマの動力源が起振源となる場合のほかに，路面など車体外部からの入力が伝わり，車体を振動させる場合もあるよ．詳しく見てみよう．

【解説】図2-9に示した振動緩和装置のない，質量とバネからなる簡単なモデルを考えます．外から力（F[N]）を与えて取り去ると，モデルは変位（x[m]）で振動します．質量（m[kg]）は，加速度（a[m/s^2]）とすると「F=m・a」で，バネはバネ定数（k）とすると「F=-k・x」で振動します．モデルから力を取り去っているので式11の関係となります．振動する変位を正弦波とし，時間（t[s]），角速度（ω[rad/s]）とすると式12となります．正弦波の傾きは時間当たりの変位です．$\omega t=0, \pi, 2\pi$の時が一番傾きが急で，$\omega t=\pi/2, 3\pi/2$の時傾きがゼロです．これは余弦波の動きです．傾きを求めることを微分といい式13となります．更に余弦波の傾きを見ると，元の正弦波の動きとなります．これを2階微分といい式14の関係となります．式13，14は，変位と時間の関係を，変位と角度の関係と角度と時間の関係に分けて求めたためωが現れます．式14の加速度と式12の関係を式11へ代入すると，式15の正弦波となります．正弦波は常時ゼロにはならないので，式15の括弧内がゼロになる必要があります．この時のωを式16で示します．ωは，モデルの質量とバネ定数で決まる固有の値です．時間当たりの角度を，時間当たりの周回数（周波数f[Hz]）で表すと式17となります．モデルから力を取り去っても，この振動数で振動を続けることになります．これをモデルの固有周波数と呼びます．

●バネは衝撃を緩和するが，振動緩和能力は殆どない
●質量とバネからなるモデルへ，力を入れて取去ると振動が続く

図 2-9. バネ質量振動モデル

$$ma + kx = m\ddot{x} + kx = 0 \qquad \text{(式 11)}$$

$$x = C \sin \omega t \qquad \text{(式 12)}$$

$$\dot{x} = C \omega \cos \omega t \qquad \text{(式 13)}$$

$$\ddot{x} = -C \omega^2 \sin \omega t \qquad \text{(式 14)}$$

$$C\left(-m\omega^2 + k\right)\sin \omega t = 0 \qquad \text{(式 15)}$$

$$\omega = \sqrt{\frac{k}{m}} \qquad \text{(式 16)}$$

$$f = \frac{1}{2\pi}\sqrt{\frac{k}{m}} \qquad \text{(式 17)}$$

20 振動を抑えるダンパー
◆ダンパーが受け止めて減衰力を発生

ボク：クルマのサスペンションは，路面からの入力振動を抑える役割があると思います．ハイブリッド車のタイヤハウス内をのぞくと，コイルバネが見えます．バネだけだと路面からの突き上げは緩和されますが，振動は収まりません．何か工夫があるのでしょうか．

先輩：バネと一緒にダンパーが取り付けられているよね．ダンパーは振動を和らげる役割があるよ．内部は，ピストンで仕切られ，オイルに満たされた部屋が両サイドにあるんだ．入力が加わるとピストンは押され，片方の部屋のオイルを圧縮するんだね．圧縮されたオイルは，ピストンを貫通するオリフィスを通って，ピストンの動きとは反対方向の部屋に押し出されるよ．オリフィス径は大きくないのでオイルは一気に押し出されることはないよ．少量のオイルの押し出しが続き，ピストン動作にタイムラグをもたらすんだ．これは入力に対する減衰力となり，振動を抑制するんだね．

【解説】路面入力が加わるとダンパーが受け止めて減衰力を発生させます．これは高速道路で渋滞に巻き込まれ，一定速のノロノロ運転が続く状態に例えることができます．スピードがあるクルマには大きな減速力を与え，ゆっくり走行してきたクルマには少しの減速力を与えます．ダンパーも，入力の大きさに対する減衰力として，同様の効果を持ちます．図2-10は，ダンパーに余弦波の形の入力（F[N]）が加わった場合，ピストンの変位（x[mm]）の関係を描いたものです．開始点の時間（t＝0）から入力が変化した場合，現時点の変位は開始点からの入力の大きさを全て足し合わせた関係になります．例として開始点から最初のF＝0までの入力を足し合わせると，その時点の変位が求まります．よく見ると変位は入力に対して4分1の周期で遅れた波形で動いていることがわかります．ただし，ダンパー内のオイルの流動特性により減衰量が異なりますので変位には係数がかかります．この係数を減衰係数と呼びます．

- ダンパー内のオイル押し出し動作がタイムラグを作り減衰力をもたらす
- ダンパーの現時点の変位は，開始点からの入力を全て足し合わせた関係

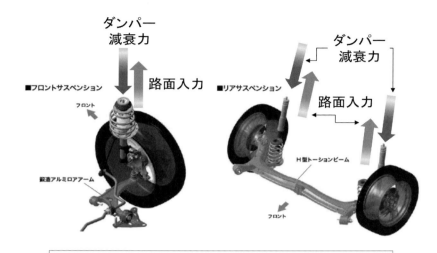

Honda　CR-Z　スポーツハイブリッドサスペンション
出典：本田技研工業（株）広報部

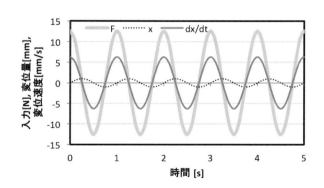

図 2-10．ダンパー入力と変位

21 クルマの重心（前後方向の）

◆前後方向の重心位置を求める

ボク：ハイブリッド車は，エンジンの他にモーター，駆動バッテリー，これらの駆動パワードライブシステム，およびこれらを機械的に連結する遊星歯車などの変速装置が載っています．普通のクルマと異なり重力の作用点が変ってくると思うのですが．

先輩：ハイブリッド車は，ガソリン車よりも車を構成する部品は多くなるよね．各部品には重力が作用し，これらの合力がクルマ全体に作用するんだ．この力点を重心点と呼ぶよ．クルマの動特性を評価するには，まず重心の位置がどこにあるのかを知る必要があるんだね．

【解説】重心点の動きを簡単な例で見てみましょう．ブーメランを投げると，ブーメランは重心点を中心として回りながら戻ってきます．クルマの場合は，くるくるとは回りませんが，ハンドルを切ってカーブを曲がるなど，旋回運動をする場合に，クルマの重心点がどこにあるかにより，運転のし易さなど，動特性が変ってきます．理解を助けるため，三輪車をモデルに考えてみましょう．三輪車は，図2-11に示すように前一輪，後二輪です．横軸にx軸，縦軸にy軸を取ります．前輪を中心にx軸方向に腕の長さを取り，力のモーメントを求めて見ます．クルマの全荷重は，各タイヤに加わる荷重を測定するとわかります．前輪荷重 m_F，右後輪荷重 m_{Rr}，左後輪荷重 m_{Rl} とした場合，クルマの重心にはこれらの合計荷重が働きます（$m_F + m_{Rr} + m_{Rl}$）．前輪からクルマの重心までのx軸方向の腕の長さはわかりませんが，これを x_G とします．x軸方向に腕の長さを取った重心によるモーメント M_G は式18で表せます．次に，前輪から後ろ二輪までのx軸方向の腕の長さは，ホィールベース L となり既知の値です．x軸方向に腕の長さを取った後二輪によるモーメント M_T は式19で表せます．重心によるモーメント M_G と，後二輪によるモーメント M_T は釣り合う必要があり，クルマの重心まで x_G は式20と求まります．

●前輪を中心に重心によるモーメントと後二輪によるモーメントは釣合う
●モーメントの釣合関係から重心までの距離が求まる

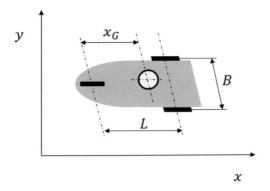

図 2-11. クルマの重心（x 軸方向）

$$
\begin{aligned}
&x\text{方向の重心モーメント}[M_G] \\
&\quad = \text{重心にかかる全荷重}[m_F + m_{Rl} + m_{Rr}] \\
&\quad \times \text{重心までの}x\text{方向距離}[x_G] \quad\quad \text{(式18)}
\end{aligned}
$$

$$
\begin{aligned}
&x\text{方向のタイヤ反力によるモーメント}[M_T] \\
&\quad = (\text{左後輪荷重}[m_{Rl}] + \text{右後輪荷重}[m_{Rr}]) \\
&\quad \times \text{ホイールベース}[L] \quad\quad \text{(式19)}
\end{aligned}
$$

$$M_G = M_T$$

$$
\text{重心までの}x\text{方向距離}[x_G] = \frac{(m_{Rl}+m_{Rr}) \cdot L}{(m_F + m_{Rl} + m_{Rr})} \quad \text{(式20)}
$$

Ⅱ．力と運動 —— 45

22 クルマの重心（左右方向の）

◆左右方向の重心位置を求める

ボク：x 軸方向の重心位置はわかりました．前輪から見た y 軸方向の重心位置も同じように考えれば良いのでしょうか．

先輩：同じ考え方で良いよ．クルマは見た目，左右対称なので，y 軸方向の重心位置は然程気にならないようだね．でも，搭載されている各コンポーネントの配置は，左右対称にはなっていないよね．クルマの動特性を評価するには，y 軸方向の重心位置がどこにあるのかを，面倒がらずに求めておく必要があるんだ．

【解説】クルマの左右方向の重心位置がセンターに来ないと，カーブを曲がる場合，左右に設けたサスペンションの沈み込み量の差が大きくなります．これは，クルマの荷重移動量が大きくなることです．タイヤが摩擦円内で踏ん張ってくれれば，左右輪に加わる横力の合計値は変わりません．しかし，キャビン内のドライバーにとっては，カーブを回る毎に，左右に振られるため，運転しずらく疲労の要因となります．サーキットを走るクルマの足回りを固めて沈み込み量を少なくするのはこの理由があります．

引続き，三輪車をモデルに考えてみましょう（図 2-12）．前輪を中心に y 軸方向に腕の長さを取り，力のモーメントを求めて見ます．クルマの全荷重は，前輪荷重 m_F，右後輪荷重 m_{Rr}，左後輪荷重 m_{Rl} とします．クルマの重心にはこれらの合計荷重が働きます．前輪からクルマの重心までの y 軸方向の腕の長さはわかりませんが，これを y_G とします．y 軸方向に腕の長さを取った重心によるモーメント M_G は式 21 で表せます．次に，前輪が左右輪のセンターに位置する場合，後ろ各二輪までの y 軸方向の腕の長さは，トレッド B の半分となり既知の値です．y 軸方向に腕の長さを取った後二輪によるモーメント M_T は式 22 で表せます．重心によるモーメント M_G と，後二輪によるモーメント MT は釣り合う必要があり，クルマの重心まで y_G は式 23 と求まります．

●前輪を中心に重心と後二輪による x 軸回りのモーメントは釣合う
●モーメントの釣合関係から重心までの y 方向距離が求まる

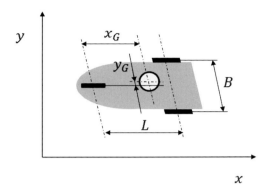

図 2-12. クルマの重心（y 軸方向）

$$
\begin{aligned}
& y\text{方向の重心モーメント}[M_G] \\
& \quad = \text{重心にかかる全荷重}[m_F + m_{Rl} + m_{Rr}] \\
& \quad \times \text{重心までの}y\text{方向距離}[y_G]
\end{aligned}
\quad \text{(式 21)}
$$

$$
\begin{aligned}
& y\text{方向のタイヤ反力によるモーメント}[M_T] \\
& \quad = (-\text{左後輪荷重}[m_{Rl}] + \text{右後輪荷重}[m_{Rr}]) \times \frac{1}{2} \\
& \quad \cdot \text{トレッド}[B]
\end{aligned}
\quad \text{(式 22)}
$$

$$M_G = M_T$$

$$
\begin{aligned}
& \text{重心までの}y\text{方向距離}[y_G] \\
& \quad = \frac{\tfrac{1}{2} \cdot B \cdot (-m_{Rl} + m_{Rr})}{(m_F + m_{Rl} + m_{Rr})}
\end{aligned}
\quad \text{(式 23)}
$$

23 クルマの重心（上下方向の）

◆クルマを傾斜させて高さ方向の重心位置を求める

ボク：x軸とy軸方向の重心位置が求まりました．z軸方向も求まると思い計算してみました．クルマが水平位置に停車しているとして，水平面からz軸方向に腕の長さz_Gを取り，重心に働く力のモーメントM_Gを求めて見ます（図2-13）．式24の通り，モーメントは働いていません．後ろ二輪のモーメントM_Tを求めようとしましたが，こちらも式25の通り，モーメントは働いていません．z方向のモーメントは考えなくて良いのでしょうか

先輩：クルマの高さ方向となるz軸方向に腕の長さを取ったモーメントには，どの様なものがあるか考えてみると良いよ．z軸方向の重心位置が必要かどうかがわかると思う．例えば，つり革を手にした状態で列車が動き出すと，乗客は後ろへ持って行かれる．急停車すると前へつんのめってしまう．クルマも同様の挙動がともなうんだ．クルマの動特性評価には，高さ方向の重心位置を知っておく必要があるんだね．

【解説】クルマを水平面から角度θだけ前傾させた車両モデルで考えます（図2-13）．重心に働くモーメントM_Gは，傾斜させた水平面からの高さをh_Gとすると，重心荷重のうち斜面方向へ働く荷重との積となり式26で表せます．次に後輪を起点として，斜面水平方向を腕の長さとしたモーメントを求めて見ます．後輪から重心までの斜面水平方向を腕の長さは，図2-13の上図よりホィールベースLと前輪から重心までの斜面水平方向距離x_Gとの差です．重心に働くモーメントは，重心の斜面垂直方向へ働く荷重$W \cdot \cos\theta$との積となります．また，前輪に働く反力モーメントは，後輪から斜面水平方向を腕の長さがホィールベースLなので，前輪の斜面垂直方向へ働く荷重「$(m_f + \Delta m_f) \cdot \cos\theta$」との積となります．$\Delta m_F$は，前傾による前輪荷重の増加分です．斜面垂直方向のモーメントは式24と合算されます．斜面垂直方向と水平方向の力のモーメントの釣り合いからz軸方向の重心位置h_Gが求まります．

- ●前輪を中心に重心と後二輪によるx軸回りのモーメントは釣合う
- ●モーメントの釣合関係から重心までのy方向距離が求まる

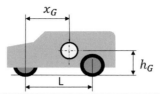

z方向の重心モーメント$[M_G]$	(式24)
＝重心にかかる全荷重$[m_F + m_{Rl} + m_{Rr}]$×重心までの高さ$[h_G] = 0$	

z方向のタイヤ反力によるモーメント$[M_T]$	(式25)
＝（左後輪荷重$[m_{Rl}]$ ＋ 右後輪荷重$[m_{Rr}]$）×接地面高さ$[H] = 0$	

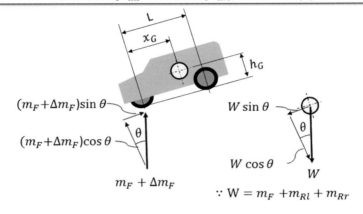

図2-13．クルマの重心（z軸方向）

z方向の重心モーメント$[M_G]$	
＝重心の斜面方向荷重$[W \sin\theta]$ × 重心までの高さ$[h_G]$	(式26)

z方向のタイヤ反力によるモーメント$[M_T]$	
＝重心の斜面垂直方向荷重$[W\cos\theta]$	
×後輪荷重点から重心までの水平距離$[L - x_G]$	
－前輪荷重増加分を含めた斜面垂直方向荷重$[(m_F + \Delta m_F)\cos$	(式27)
×ホィールベース$[L]$	

24 せん断力と破壊

◆せん断破壊は軸心と45度の方向をなす面で発生する

ボク：クルマの部材に圧縮や引張りの荷重が過度に加わった場合，破壊してしまいます．破壊面を見ると斜め方向に破断しています．どうしてなのでしょうか．

先輩：圧縮を受けると，荷重を受ける軸方向と45度の傾きにクラックが現れるんだ．同じく，引張を受けると荷重を受ける軸方向と45度の傾きに先細部が引き千切られる様に破壊面が現れるよ．これには理屈がある．説明しようね．

【解説】図2-14に示したように，部材が上下方向に圧縮（F）を受けた場合を考えます．クラック面（S）に対して水平方向（Ft）と，垂直方向（Fn）の分力に分けます．水平方向分力はせん断力となり，垂直方向分力は圧縮力となります．軸心と直交する断面の面積（A）から，軸方向の応力（P）は，「P＝F/A」です．軸方向の応力とクラック面のなす角度（θ）から，クラック面の面積は「S＝A/sinθ」です．クラック面に沿った水平方向の応力（Pt）は，「Ft/S＝P・cosθ・sinθ」です．クラック面に対する垂直方向の応力（Pn）は，「Fn/S＝P・sinθ・sinθ」です．簡単のため軸方向の応力（p＝1）として，破断面に働く応力について，軸心とクラック面のなす角度を変えて求めたものが図2-15です．クラック面に沿って働く応力は軸心とθ＝45度の傾斜をなす場合が最大となり，この値はクラック面に対する垂直方向の応力の2分の1となります．クラック面に対する垂直方向の応力は軸心とθ＝90度の場合が最大となり，この値はクルマの部材に働く軸方向の応力と同一となります．クルマの部材は，軸方向の応力の最大値で破壊されないように安全率を取って設計します．クラック面に沿って働く応力は垂直応力の半分と小さいものの，この方向に部材は強くないため，軸心とθ＝45度傾斜の最大せん断荷重で破壊します．

●クラック面に沿った水平方向の応力は，「Pt＝P・cosθ・sinθ」
●クラック面に対する垂直方向の応力は，「Pn＝P・sinθ・sinθ」

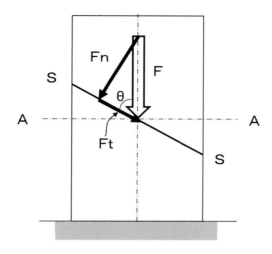

図 2-14. 圧縮荷重と破断面

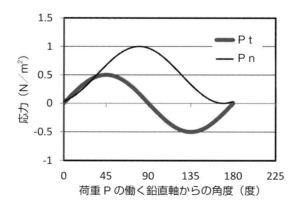

図 2-15. 破断面と水平・垂直荷重

25 部材内部のせん断力

◆せん断応力を打消す方向に補助せん断応力が発生

ボク：圧縮や引張りの荷重は，クルマの部材内部に加わっているはずです．どのような力が働いているのか部材を観察してもよくわかりません．
先輩：部材が破壊した場合を観察するとわかり易い．軸材がねじられると，ねじられる線上に沿って部材は破壊するんだ．このねじ線にはどの様な力が働いているのか見てみることにしよう．

【解説】部材が図2-16のようにねじられると，軸線Aに対してねじ線に沿って引張りが起こります．部材の引張り強さを越えてしまうと，ねじ線に沿って破断します．この部材の表面に描いた長方形の立方体部分を切りだして，力の関係を見ることにします（図2-17）．ねじりによる荷重（F）が部材の両端に働くと，部材にはねじりによる荷重と同じ方向せん断応力（δ_1）が働きます．切り出した長方形の横方向の長さ（a），縦方向の長さ（b），厚さ（t）とします．せん断応力（δ_1）は偶力となるので，部材中央からの横方向距離（a/2）を使い，偶力による右側のモーメント（Mr）を求めると，「$Me = \delta_1 \cdot a/2 \cdot b \cdot t$」となります．同じく左側のモーメント（Ml）も同じ値になります．両者は同じ回転方向となる右回りのモーメントなので，せん断応力（δ_1）によるモーメント（$M\delta_1$）は合計して「$M\delta_1 = \delta_1 \cdot a \cdot b \cdot t$」となります．部材には，モーメント（$M\delta_1$）を打ち消すように，左回りのモーメント（$M\delta_2$）がつり合を保てるように発生します．せん断応力（$\delta_2$）も偶力関係となるので，部材中央からの縦方向距離（b/2）を使い，偶力による上面に働くモーメント（Mu）を求めると，「$Mu = \delta_2 \cdot a \cdot b \cdot t/2$」となります．同じく下面も同じ値になります．合計して「$M\delta_2 = \delta_2 \cdot a \cdot b \cdot t$」となります．「$M\delta_1 = M\delta_2$」から「$\delta_1 = \delta_2$」となります．このせん断力が部材を対角線方向へ引張る力となります．

●部材をねじると，ねじ線に沿って破断
●部材に働くせん断力でモーメントは発生するが釣合を保とうとする

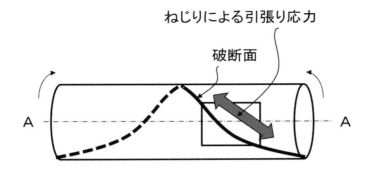

図 2-16. 軸のねじりと破断面

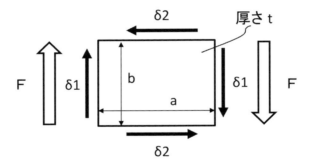

図 2-17. 部材内のせん断ひずみ

26 合成応力

◆部材には曲げやねじりなどが合成されて働く場合が普通

ボク：ハイブリッド車の骨格構造は，様々な荷重に対してどの様に設計されているのでしょうか．

先輩：部材を接合する溶接継ぎ手などは，印加される荷重に対して，曲げモーメントや引張りや圧縮の荷重などが合成される場合があるんだ．また，エンジンのクランク軸などには，曲げやねじり荷重が合成される．合成応力について考えてみよう．

【解説】クルマの構造部材に荷重（F）が図2-18の方向に働いた場合，部材の垂直部を構成している断面（A）には圧縮応力（σc）が働き「$\sigma c = F/A$」となります．部材の水平部を構成している部分には，曲げモーメント（M）が働きます．荷重点（F）から，部材の垂直部を構成している軸心までの距離（L）とすると，曲げモーメントは，「$M = F \cdot L$」となります．この場合の曲げ応力（σm）と水平部を構成している断面の断面係数（Z）を使うと，同じく曲げモーメントは，「$M = \sigma m \cdot Z$」となります．曲げモーメントを整理すると，曲げ応力は，「$\sigma m = F \cdot L/Z$」です．この構造部材に働く合成応力（σ）は両者の和となり，「$\sigma = F \cdot (1/A + L/Z)$」と表せます．次に，エンジンのクランク軸などに作用する曲げやねじりについて考えましょう．図2-19に示すように，部材の断面にはねじりによるせん断応力（σt）が断面の周囲に働き，曲げによる圧縮・引張り応力（σm）が応力が，働く部材の断面に作用します．そこでねじりモーメント（T），曲げモーメント（M）とし，部材の断面係数（Z）としての合成応力（σ）を求めてみます．一般に「$\sigma m = 2 \cdot \sigma t$」なので，合成応力は，「$\sigma = (M + \sqrt{(M^2 + T^2)})/2/Z$」となることが知られています．設計では，相当曲げモーメント（Me）として「$Me = (M + \sqrt{(M^2 + T^2)})/2$」，相当ねじりモーメント（Te）として「$Te = \sqrt{(M^2 + T^2)}$」を一般に利用します．

●相当曲げモーメント，Me＝$(M + \sqrt{(M^2 + T^2)})/2$
●相当ねじりモーメント，Te＝$\sqrt{(M^2 + T^2)}$

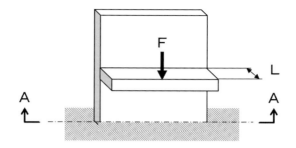

図 2-18. 曲げと圧縮の複合応力

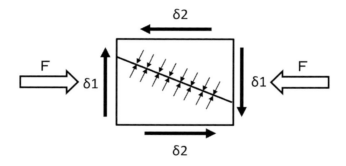

図 2-19. 部材内のせん断応力と曲げによる圧縮応力

27 断面2次モーメントと断面係数

◆部材断面の形状に固有の値

ボク：曲げモーメント（M）の説明で断面係数（Z）が出てきました．断面係数は，曲げモーメントにどう関係するパラメーターなのでしょうか．
先輩：部材に曲げモーメントが外部から加わると，図2-20に示すように中立面を境として，上面方へ行くに従い高い圧縮応力が，下面方向へ行くに従い高い引張り応力が働くんだ．部材断面を切り出して，微小部分（δs）に働く曲げ応力（$\delta\sigma$）と，微小部分の中立面からの位置（h）の関係から説明しよう．

【解説】微小部分に力（δf）が働いた場合，曲げ応力は，「$\delta\sigma = \delta f/\delta s$」となります．また，曲げモーメント（$\delta M$）は，「$\delta M = \delta f \cdot h = \delta\sigma \cdot \delta s \cdot h$」となります．微小部分の面積は同じとして，曲げ応力は，中立面から離れるに従い大きくなり，「$\delta\sigma/h = $一定」の関係になります．この関係を使って曲げモーメントを書き直すと，「$\delta M = (\delta\sigma/h) \cdot \delta s \cdot h^2$」となります．図2-20に示した部材の断面は簡単な形をしていますので微小部分の面積は同じとしました．実際の部材は複雑な形をしていますので，微小部分の面積も一定と考えることは難しくなります．そこで曲げモーメントの式で，部材の形状により異なる部分「$\delta s \cdot h^2$」に注目して話を進めます（図2-21）．断面に働く曲げモーメントの総和（$\Sigma\delta M$）は，「$\Sigma\delta M = (\delta\sigma/h) \cdot \Sigma(\delta s \cdot h^2)$」となります．この中で部材断面の形状に基づく「$\Sigma(\delta s \cdot h^2)$」を，断面2次モーメント（I）と呼んでいます．更に，断面に働く曲げモーメントの総和と，部材断面の形状に固有の値となる部分をまとめると，「$(1/h) \cdot \Sigma(\delta s \cdot h^2)$」となります．これを断面係数（Z）と呼びます．微小部分で話を進めましたが，一般式でまとめると，曲げモーメントは，部材断面に働く全応力（σ）から「$M = \sigma \cdot Z$」となります．モーメントなので，σは力に，Zは腕の長さに関係するパラメーターです．

●断面2次モーメント，$I = \Sigma(\delta s \cdot h^2)$
●断面係数，$Z = (1/h) \cdot \Sigma(\delta s \cdot h^2)$

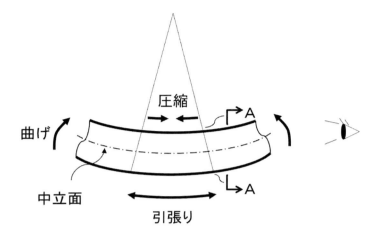

図 2-20. 曲げによる部材の湾曲

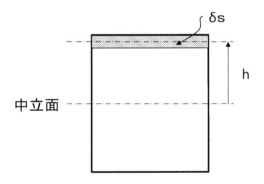

図 2-21. 曲げを受ける部材の断面（AA）

28 軸と軸動力

◆動力軸にはねじりモーメントが働く

ボク：ハイブリッド車の駆動トルクは，動力軸を伝って伝達されます．軸を決めるのに，どのような荷重やモーメントを考慮する必要があるでしょうか．

先輩：通常，動力軸にはねじりモーメントが働くのは知っているよね．動力伝達では，軸径が伝達トルク（T）に比例してアップする関係なんだ．同じ動力（P）を伝達させる場合，回転数をアップさせると，伝達トルクは反比例して低下するため，軸径は細くできるが，定格回転数をどこに置くかにより，定格トルクが決まり軸径が決定するんだね．

【解説】動力軸に働くねじりモーメント考えてみましょう．軸の一端を固定し，他端にねじりモーメント（M）となる偶力（F）を加えると，軸にねじりが発生することがわかります．偶力が軸の外径に働くと考えます．軸径（D）とすると，軸心から片方の外径までの距離はD/2となり，モーメントは「F・D/2」となります．軸に加わるねじりモーメントは，偶力のためこの2倍となり，「M＝F・D」となります．単位はN・mですのでトルク（T）を表していることになります．軸には，ねじりモーメントによるせん断応力（τ）が働きます．断面形状が円形の軸（丸棒）に働くせん断応力を求めます．丸棒の断面係数（Z）は，「$Z=\pi \cdot D^3/32$」なので，せん断応力は，「τ＝M/2/Z」です．よって，「$\tau=16 \cdot T/\pi/D^3$」となります．軸径は，式を変形して次の通り3乗根「$D=\sqrt[3]{(16 \cdot T/\pi/\tau)}$」となります．上記の中でTは，軸に加わるねじりモーメントですが，先に述べた伝達トルクを表します．伝達トルクは，軸動力（P）と軸の回転角速度（ω）から，「T＝P/ω」の関係にあります（図2-22）．回転角速度は，回転数（N）で表すと「$\omega=2 \cdot \pi \cdot N/60$」ですので，伝達トルクは，「$T=P/(2 \cdot \pi \cdot N/60)$」と書けます．軸径は，書き直すと，「$D=0.78 \cdot \sqrt[3]{(P/N/\tau)}$」と求まります．

●軸に加わるねじりモーメントは伝達トルクを表す
●軸径は，$D=0.78 \cdot \sqrt[3]{(P/N/\tau)}$ と求まる

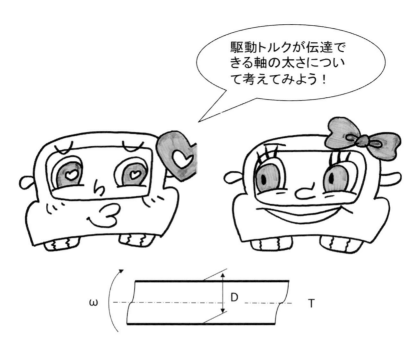

図 2-22. 軸に伝わる動力

29 軸のねじり

◆ねじりトルクは軸半径方向の抵抗モーメントの総和に関係する

ボク：ハイブリッド車の軸がねじられてトルク伝達されることはわかりますが，ねじりトルクが良くわかりません．

先輩：一端を固定した丸棒で考えてみよう（図2-23）．半径（r），長さ（L）の軸をねじった場合，軸の変位角（φ），軸端面のねじれ角（θ）とする．ねじれによる変位は，軸端面の円周部では「$r \cdot \theta$」となるよね．せん断ひずみ（ε）は，ねじれが微小な場合，変位と元の軸長との比で表せ「$\varepsilon = r \cdot \theta / L$」だね．せん断応力（$\tau$）は，せん断ひずみと比例関係にあるんだ．横弾性係数（G）を用いると「$\tau = \varepsilon \cdot G$」だね．変位の関係に戻すと「$\tau = r \cdot \theta \cdot G / L$」だよね．この時の，軸の内部のせん断応力は，「$\theta \cdot G / L$」が変わらないので定数（K）とおき，「$\tau = K \cdot r$」の関係が得られるんだ．図2-24の通り，せん断応力は，軸の中心から半径方向の距離に比例して増大することになるよ．

【解説】軸をθだけねじった場合のねじりトルク（T）を考えてみましょう．この時の，せん断応力と軸半径方向距離は一定関係にあり「$\tau / r =$ 一定」です．軸半径方向の抵抗モーメントの総和を「I_P」とします．ねじりトルクは「$T = \tau / r \cdot I_P$」と表すことができます．この抵抗モーメントは次のように求めます．軸の中心から半径方向へ木の年輪のように厚みのない面積の円（s_1）を取り，軸中心から円までの半径（r_1）の二乗と掛け合わせます「$I_{P1} = s_1 \cdot r_1^2$」．軸半径方向の抵抗モーメントの総和は，軸の中心から半径方向に向かい円周まで，同様にして足し合わせた総和になります「$I_P = \Sigma(s \cdot r^2)$」．この抵抗モーメントは，断面2次極モーメントと呼び，X-Y座標の各座標方向で求めた断面2次モーメントの和と等しい値です．ここで，「I_P / r」を極断面係数と呼びます．

● せん断応力（τ）と軸半径方向距離 r は一定の関係（$\tau / r =$ 一定）
● ねじりトルク T は，抵抗モーメントの総和 I_P から（$T = \tau / r \cdot I_P$）

東海大学出版部
出版案内
2016.No.1

「貝のストーリー」より

東海大学出版部

〒259-1292 神奈川県平塚市北金目4-1-1
Tel.0463-58-7811　Fax.0463-58-7833
http://www.press.tokai.ac.jp/
ウェブサイトでは、刊行書籍の内容紹介や目次をご覧いただけます。

くまもとの哺乳類

熊本野生生物研究会 編

A5判・並製本・320頁　定価(本体2400円+税)　ISBN978-4-486-03735-4　2015.2

熊本県内に生息する野生哺乳類を対象に、熊本野生生物研究会のメンバーが実際に体験し学んだことを通して、それぞれの動物の生態学的特徴や地域の自然を紹介している。「あか牛」等の熊本ならではの動物をとりあげている。

アジア地域コミュニティ経済学
フィリピンの棚田とローカルコモンズ

鳥飼行博 著

A5判・上製本・432頁　定価(本体6000円+税)　ISBN978-4-486-02048-6　2015.2

アジア地域コミュニティの農家・漁業世帯など個人経営体を社会的弱者としてではなく草の根民活として認識し、草の根民活が主体となる持続可能な開発が可能であることを説き、草の根民活による地域コミュニティ経済学の構築を試みる。

日本産土壌動物 第二版
分類のための図解検索

青木淳一 編著

B5判・上製本・2022頁　定価(本体38000円+税)　ISBN978-4-486-01945-9　2015.2

全ての日本産土壌動物(原生生物と脊椎動物を除く)の分類・検索を目的とした図解図鑑。土壌動物の分類の専門家56名で執筆。第一版の内容を大きく進展・充実させ、現在なしうる限り最も詳しい土壌動物の分類・検索図鑑。

南日本太平洋沿岸の魚類

池田博美・中坊徹次 著

B5判・上製本・624頁　定価(本体15000円+税)　ISBN978-4-486-02044-8　2015.2

房総半島から九州南岸までの黒潮流域である南日本太平洋沿岸で30年にわたって標本を採集し、全形および細部の写真を撮影した結晶がこの図鑑である。魚類の細部は図でしか知られておらず、世界で初めて示される写真も多い。

【フィールドの生物学⑰】

クモを利用する策士、クモヒメバチ
身近で起こる本当のエイリアンとプレデターの闘い

髙須賀圭三 著

B6判・並製本・304頁　定価（本体2000円＋税）ISBN978-4-486-01998-5　2015.10

強力な捕食者として認識されがちなクモ類の天敵である「クモヒメバチ」の、巧みな生存と進化のための戦略を、著者のフィールド研究から紹介する。

【フィールドの生物学⑱】

湿地帯中毒
身近な魚の自然史研究

中島 淳 著

B6判・並製本・272頁　定価（本体2000円＋税）ISBN978-4-486-01999-2　2015.10

幼い頃から身近な湿地帯とそこに棲む生物を愛した研究者が編む湿地帯研究の極意とカマツカ、ドジョウなど湿地帯生物の自然史。

血液細胞アトラス 3
末梢血、骨髄、リンパ節の形態の比較でみるリンパ系腫瘍の実践的読み方

宮地勇人 監修／東海大学医学部付属病院血液検査室 編

B5判・並製本・204頁　定価（本体6000円＋税）ISBN978-4-486-02076-9　2015.10

血液細胞アトラスシリーズの第3巻。リンパ系腫瘍について、豊富な血液細胞のデータ（カラー症例データ）を基に、血液細胞のベテラン医師と技師が解説する。これから血液細胞の形態、検査を学ぼうとする人のテキスト。

【水産総合研究センター叢書】

沿岸漁業のビジネスモデル
ビジネスモデル構築を出口とした水産研究の総合化

堀川博史 編著

A5判・並製本・216頁　定価（本体3200円＋税）ISBN978-4-486-02069-1　2015.12

本書は水産海洋学会で2014年11月開催のシンポジウム「出口に向けた水産総合研究―豊後水道域のタチウオひきなわ漁業を例として―」を再録、編集したもの。様々な分野の視点から漁船漁業の現在とこれからについてまとめる。

乱獲
漁業資源の今とこれから

レイ・ヒルボーン、ウルライク・ヒルボーン 著　市野川桃子・岡村 寛 訳
A5判・並製本・176頁　定価(本体2900円+税)　ISBN978-4-486-02080-6　2015.12

ニュースで「乱獲による漁業資源の危機」、「マグロが食卓から消える」などを目にするようになり問題意識がもたれ始めている。この問題に対し具体的にどのように解決すれば良いかを科学的裏づけと豊富な事例とともに紹介する。

ネパールに学校をつくる
協力隊OBの教育支援35年

酒井治孝　著
A5変型・並製本・154頁　定価(本体1600円+税)　ISBN978-4-486-02086-8　2015.12

著者は海外青年協力隊で1980年にネパールの国立大学で教鞭をとって以来、現在まで「学校つくり」の支援を続けている。資金集めから土地の買取、水道やトイレの設備、校舎建築工事、教員確保などの活動記録を綴る。

【フィールドの生物学⑯】

琉球列島のススメ

佐藤寛之　著
B6判・並製本・378頁　定価(本体2500円+税)　ISBN978-4-486-01997-8　2015.12

両生類を専門とする研究者である著者が、一見支離滅裂に見える自然観を通して、フィールドにおける色々な経験や脱線の経緯を紹介しつつ、海陸を問わず琉球列島の様々な生き物やその生態、現象など、沖縄の魅力を紹介する。

はじめての解剖生理学
ぬりえで覚える人体の仕組み

二葉千鶴　著
B5判・並製本・120頁　定価(本体2300円+税)　ISBN978-4-486-02082-0　2015.12

本書は医療看護系大学での解剖学の授業内容をテキスト化したもの。臓器及び骨格のイラストをぬりえすることで学生たちにわかりやすい授業を提供する。看護師国家試験合格レベルの知識の補足となる。

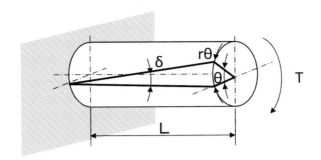

図 2-23. 軸のねじりとねじれ角

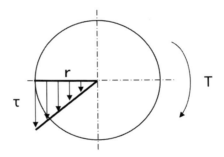

図 2-24. 軸のせん断応力

コラム2
ハードとソフトの出荷検査

　工場見学で学生からの質問が続きます．実社会では納期が大切と聞いて，学生から当然のように，納期の遅れがどうしても出た場合はどう対応するのか，との質問が起こりました．製品のハードウエアを担当されている説明者は口籠るのですが，ソフトウエア担当者が口火を切ってくれました．ソフトウエアの場合は，現地据付時までに仕上げて現調時に投入し工程遅れを取戻す，との説明でした．しかし，ソフトウエアといえどもハードウエアとセットで製品納入するものであり，工場の出荷検査も経ないで製品納入されることはあってはなりません．黙っていればわからないかも知れませんが，この説明を納入先の顧客が聞いたら問題と受け取るでしょう．

　ハードウエアは実態があり誤魔化しは効きませんが，ソフトウエアは灰色を持つ部分が多分にあります．世の中では，特許侵害しているソフトウエアが色々な製品に入り込んでいても不思議が無いような気がします．例えば，特許請求の範囲に上げた機能診断・劣化診断するアルゴリズムの大部分が流用されていても，これを権利者が立証することは難しいでしょう．ハイブリッド車にバッテリーをリフレッシュするアルゴリズムが入っているかどうかも一般ユーザはわかりませんし，完成車メーカや協力メーカが過去に出願した特許から類推するとしてもアルゴリズムの特定は難しいでしょう．

　ソフトウエア担当者は，特に疑問を持たず説明されたと思いますが，開発姿勢がこのようだと，いずれ製品の不具合として顕在化してくることは避けられないと思われます．企業が一度信頼を失うと，取り戻すのには並大抵の努力で，できるものではありません．評判を落とした社員が，その後いくら努力しても色眼鏡で見られてしまい，復活できないことは，表立ってわかることはないとしても，どこの企業でも多く見られることではないでしょうか．

　昭和天皇が叙勲の席で，人間国宝と律せられた匠の手をご覧になり，綺麗な手をしているため不思議に思われ，侍従の者に尋ねられたと聞きます．エンジニアの原点は信頼から始まります．

Ⅲ. エンジンシステム

　環境に優しいといわれるハイブリッド自動車では，エンジンシステムについても，工夫がなされています．環境性能を持たせるには，燃費を向上し化石燃料の消費を抑えること，またエンジンの排気ガスをクリーンにすることが必要です．燃費向上には，エンジンサイクルに工夫を加えています．ガソリン自動車のエンジンは，オットーサイクルで動きますが，ガソリンハイブリッド自動車のエンジンは，オットーサイクルに工夫を加えたアトキンソンサイクルで動きます．燃費向上のために，環境負荷の少ない燃料が使えるエンジンに換える場合もあります．最近は，スポーツタイプのハイブリッド自動車も現れていますが，市販車の動力性能線図をもとに，パワーバンドの設定手法についても検証してみましょう．

30 車載電子部品とシステム制御

◆環境・安全・快適性能の向上を目指して

ボク：HEVでは，車載電子部品の小型軽量化が進み，燃費が向上することで二酸化炭素も削減できて，地球環境に貢献すると思いますが，ガソリン車と何が違う魅力なのかピンと来ません．二酸化炭素削減がそんなに重要なら，乗らなきゃ良いのにと思います．

先輩：HEVは，ガソリン車で限界に来ていた燃費向上の切り札としてスタートしたんだが，電動化による制御性の向上が安全につながり，システム化された制御が操作性を向上させて，走る楽しさへとつながっているよね．君と違ってHEVは進化を続けていると思うけどどうだろう．

【解説】 HEVのシステムは，動力源となるエンジンとモーターを中心に，エネルギー源のバッテリーや動力伝達機構となるミッションなど，パワープラントを見ただけでもシステムが複雑肥大化しています．各コンポーネントをネットワーク化して統合するエネルギーマネジメントシステムがHEV全体の制御を司ります．電動化は，駆動用モーターだけではなく末端のアクチュエータにも及び，単機能の機械部品から高機能の電気・電子部品へと置き換わっています．今までエンジンに抱かれて動いていた機器は，アイドル停止でエンジンが止まってしまうと自分で動けるようにしなければならず，電動化が進みました．機器の電動化は，必要能力のハイパワー化と相まって，回生ブレーキ制御やトラクション制御など，燃費向上にとどまらず，車両安全につながる制御へと進んでいます．また，電子化された情報は，フライバイワイヤ（fly-by-wire）化により，情報を電気信号に置き換えて伝達するにとどまらず，電気信号でアクチュエータを制御する事故回避のための自動運転や，渋滞回避のための交通管制局への位置情報の提供など，ドライバーに安全・快適な移動空間・移動時間を提供します（図3-1）．今後進化したシステム制御では，ドライバーの意思をくみ取り，走る楽しさを体現させてくれる運転環境を提供してくれるでしょう．

- 電動化による制御性の向上が環境・安全性能を向上
- 制御性の向上が走る楽しさを体現させてくれる

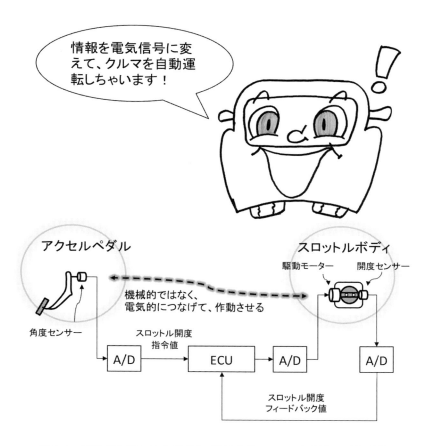

図 3-1. フライバイワイヤシステム（アクセル〜スロットル間への適用例）
A/D：A/D 変換器，ECU：車の制御用コンピューター

31 アトキンソンサイクル

◆膨張比サイクルで熱効率アップ

ボク：ハイブリッド車に搭載されているエンジンは，一般のガソリン車用エンジンと何か違いはあるのですか．

先輩：ハイブリッド車は，パワープラント全体で効率を高めて燃費の向上を図り，地球環境にやさしい乗り物となったね．エンジンは複数動力源の中でもメインなので，今まで以上に熱効率をアップさせる必要があるんだね．熱効率の向上には，燃焼温度と排ガス温度の差を大きくすることが必要だね．この温度差がエンジンに仕事をさせることになるからなんだ．

【解説】エンジンの燃焼は，燃料と空気がそれぞれ別に供給され，燃焼室内で混合・拡散しながら燃焼する拡散燃焼方式と，燃料と空気が予め混合された状態で供給され，燃焼室内で燃焼する予混合燃焼方式があります．現在は予混合燃焼が主流を占めていて，ハイブリッド車用エンジンも予混合燃焼方式です．燃焼室で爆発が起こると熱が発生します．この爆発力がピストンを押し下げ，膨張が始まります．膨張している間は，熱の出入りが殆どないので，断熱膨張とみなせます．温度差を大きく取れれば，熱効率が上がるので，できるだけ膨張させれば良いことになります（図3-2）．エンジンの熱効率は圧縮比で表すことができます．先ほどの断熱膨張は，膨張比で表します．一般のガソリンエンジンの圧縮比と膨張比は等しい関係にあります．圧縮比を上げた場合，ノッキングという異常な爆発燃焼が起こりエンジンを壊します．そこでハイブリッド車用エンジンは，膨張比を上げる行程を組み入れて，熱効率を改善しています．これをアトキンソンサイクルと呼んでいます．高膨張させると膨張仕事は増え熱効率が上がりますが，圧縮にサイクルが転じると，圧縮に必要な仕事が増えてしまい問題です．このため，吸気弁の閉じるタイミングを遅らせて圧縮仕事を増やさない工夫をしています．これをミラーサイクルと呼んでいます．

- ●アトキンソンサイクル：圧縮比よりも膨張比を大きくして熱効率を改善
- ●ミラーサイクル：吸気弁閉タイミングでアトキンソンサイクルを実現

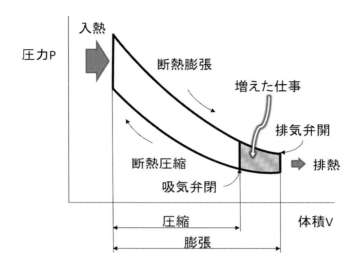

図 3-2. アトキンソンサイクル

32 高効率エンジン

◆高効率を高制御技術で実現

ボク：エンジンの高効率化が進んでいると聞きます．今後ハイブリッド車へ搭載されるエンジンは，どのようになるのでしょうか．

先輩：エンジン技術は高効率をめざして開発が進められている．主な技術開発項目として，燃焼技術，熱サイクル，平均有効圧力およびこれらの制御技術が上げられるんだ．自動車に搭載する小型エンジンでは，予混合圧縮着火燃焼技術（HCCI）への取り組みが進んでいるのは聞いている？（図3-3）．この技術は，燃料と空気の予混合気を高圧縮して着火させるもので，先の技術開発項目のテクノロジーが投入されているんだ．

【解説】エンジンの技術開発は，空気と燃料が過不足なく混合気を形成して理論空燃比で燃焼させる技術（ストイキ燃焼），空気が燃料に対し多い混合割合で燃焼させる希薄燃焼技術（リーンバーン），先に説明したアトキンソンサイクルエンジン，ボア／ストロークを見直してロングストローク化による高効率エンジン，などの技術開発が進んで来ています．ストイキ燃焼は，理論的に最適な割合の混合気なので理想的な燃焼であることは理解できると思います．リーンバーンは，混合気の爆発限界に着目し，燃焼可能範囲内で燃料の割合を少なくして燃焼させる技術です．高効率燃焼を狙うには，限界まで燃焼条件を追い込むため，平均有効圧力の上昇や，ノッキング現象が発生する恐れがあります．ノッキングとは，燃料に火がついて火炎が形成され，これが伝播するのですが，同時に圧力も上昇します．まだ燃えていない混合気が圧縮加熱され，爆発的に着火して急激な圧力上昇と振動が起こります．このため，ノッキングに対してはノッキングセンサーで燃焼状態を監視し，更に各気筒に筒内圧センサーを付けて燃焼をコントロールするようになって来ています．これらの高度な燃焼制御技術は，制御システムのコストダウンにより，広く普及するようになってきました．

●リーンバーン：爆発限界から燃焼範囲内の燃料量で燃焼させる技術
●予混合圧縮着火燃焼：燃料と空気の予混合気を高圧縮して着火させる技術

ガソリン	ディーゼル	HCCI
予混合気	燃料噴射	希薄予混合気
低圧縮比	高圧縮比	高圧縮比
プラグ着火	自着火（発火）	自着火

図 3-3. 従来燃焼と予混合圧縮着火燃焼
（HCCI：Homogeneous Charge Compression Ignition）

33 ガスエンジン
◆天然ガスを燃料にした排気ガスがクリーンなエンジン

ボク：ハイブリッド車用エンジンの技術開発動向の概要はわかりました．今後，ガソリンに代わる燃料を使ったエンジンが出てくると思いますが，実用段階にあるものについてお教えください．

先輩：エンジンは，熱エネルギーを動力に変換する機械だね．燃料として化石燃料などを燃やすことになる．エンジンは，シリンダー内で爆発燃焼させる内燃機関と，シリンダーを外部から加熱してヒートサイクルをまわす外燃機関に分類されるんだ．前者はガソリンエンジンが代表的であり，後者はスターリングエンジンが該当する．内燃機関を対象として，代替燃料を用いるエンジンを見てみよう．

【解説】石油の枯渇が問題ですが，油田近くには天然ガスが大量に埋蔵されています．また，近年はシェールガスなど，新たに利用可能な燃料も話題に上がっています．これらのガスを使ったエンジンはガスエンジンと呼ばれます．ガスエンジンのサイクル行程はガソリンエンジンと同様で，燃料の熱エネルギーを機械エネルギーへと変換します．点火は，点火プラグで圧縮混合気を着火させる方式が主流です（図3-4）．少量の液体燃料を燃焼室へ噴射し，大きな着火エネルギーで一気に燃焼させるディーゼル着火方式があります（図3-5）．ガスエンジンの中には，液体燃料だけでも作動するデュアルフューエルエンジンもあります．ガスを燃焼させるので排出ガスはクリーンです．出力や燃費効率を向上させるため過給方式を採用する場合が多く見られます．燃焼は，ストイキ燃焼とリーンバーンの両方式があります．ストイキ燃焼は，リーンバーンに比べてエネルギー効率は落ちます．一方，ストイキ燃焼は，3元触媒と組み合わせて排気ガスを浄化できるのでクリーンですが，リーンバーンは，窒素酸化物（NOx）の生成が問題です．このため，燃料と空気を予め混合して供給する希薄予混合燃焼方式を採用しています．

●点火方式：火花点火方式と液体燃料噴射方式があり，火花点方式が主流
●燃焼方式：ストイキとリーンバーンがあり，希薄予混合燃焼方式が主流

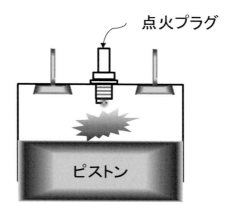

図 3-4. オープンチャンバー方式

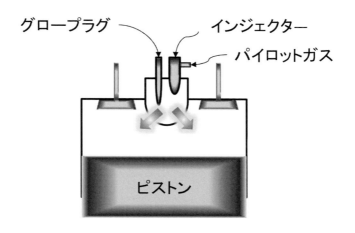

図 3-5. プレチャンバー方式

34 ディーゼルエンジン

◆ディーゼルハイブリッドは燃費チャンピオン

ボク：ハイブリッド車が現れた当時は，日本のハイブリッドか，欧州のディーゼルかと燃費優位性について技術論争が起こりました．ディーゼルハイブリッドは燃費チャンピオンになると思います．

先輩：ディーゼルエンジンは，基本的に価格が高い．これは高圧縮比であり，高圧での燃焼期間が長く続くため，頑健な骨格としなければならず価格を押し上げるからなんだ．また，ばいじんや窒素酸化物などの大気汚染物質が排出されるので，我が国では受け入れに問題があった．近年は浄化技術も実用化され，コストの問題に目途がつけば普及は進むと思うよ．

【解説】 ディーゼルエンジンは，吸入空気を高圧まで圧縮して温度を上げ，燃料の発火温度になった状態で，燃焼室へ燃料を高圧噴射し燃焼させます．これは拡散燃焼と呼ばれ，気化した燃料が燃焼室内の空気と混合気を形成し，次々と燃え広がる燃焼形態です．排気ガスには光化学スモッグの原因となる窒素酸化物（NOx）などが含まれるため低減技術が必要ですが，燃焼時にNOxの発生を抑えるとエンジンの熱効率が落ちてしまいます．そこで，熱効率を落さず，排気ガスを浄化する後処理技術に長年取り組みが行われ，十分な効果が得られるまで進展し，実用化に至っています．一方，エンジン本体では，吸気バルブを吸気行程途中で閉じる（早閉じ）ミラーサイクルが実用化されています．ミラーサイクルは，ディーゼルエンジンの従来サイクルに比べて，燃焼前の混合気温度が下がり，燃焼温度が低下して，NOxの発生を抑えることができます（図3-6）．従来サイクルでは，ピストンが吸気行程でBDC（下死点）を通過した後に吸気弁を閉じます．ミラーサイクルは，BDCに到達する前に吸気弁を閉じますが，ピストンは更に下がるため，新気は膨張により温度が低下します．この温度低下が燃焼前の温度低下を引き起こし，NOxの発生を抑えます．

● ディーゼルエンジンの排気ガスを浄化する後処理技術が実用化
● （早閉じ）ミラーサイクルがNOxの発生を抑える

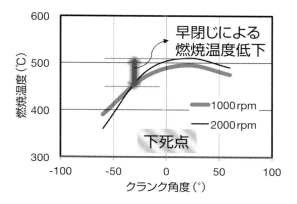

図 3-6. 吸気弁の早閉じ効果
（ミラーサイクル・ディーゼルエンジン）

35 クールEGR

◆排ガス再循環経路を冷却

ボク：ガソリンハイブリッド車のクールEGRは，窒素酸化物の低減に効果があるでしょうか．

先輩：EGR技術（排ガス再循環技術）は，窒素酸化物の低減を狙って開発された技術だよ．3元触媒が使われるようになった現在では，効果は限定的といえる．現在のEGR技術は，排ガス浄化技術というよりは，エンジンの負荷変動に対する燃費向上のための技術といえるんだね．

【解説】エンジンから排出されたガス流の一部を分流させて，エンジンへ戻すことで燃焼を抑制し，燃焼温度を下げる技術がEGR技術です．これによりNOxが抑制されることが期待できます．これは，排ガスの再循環でシリンダー内の新規の重量が少なくなり燃焼が穏やかになることと，排ガスに含まれる比熱の大きい二酸化炭素や水が新気と入れ替わることで吸入空気の熱容量が大きくなり，燃焼温度が低下することが要因です．EGRには，外部EGR方式と，内部EGR方式があります．クールEGRは，外部EGR方式です（図3-7）．排ガスは高温のため，そのままシリンダーへ還流させると，エンジンの充填効率が落ちてしまいます．このため，還流経路にEGRクーラーを設けて温度を落とした状態でシリンダーへ戻します．EGRクーラーで吸収する熱量は，一般のガソリン車で見ると，ラジエーター負荷の三割程度の上昇として現れます．このため，クールEGRが採用されることは多くありませんでした．ハイブリッド車のエンジンは，モーターが動力源を分担するため，エンジンからの発生熱量も少なく，また熱効率も高いため，クールEGRが積極的に採用されるようになりました．また，クールEGRはノッキングにも有効です．ノッキングを避けるため，点火時期をリタードさせていましたが，これは熱効率を悪化させます．クールEGRはこのノッキング対策が不要となり燃費向上につながりました．

- 排ガス再循環経路にクーラーを設けエンジンの充填効率をアップ
- 点火時期リタードによるノッキング対策が不要となり燃費が向上

図3-7. クールドEGRシステム

36 SCR 技術

◆尿素 SCR システムが普及

ボク：ディーゼルエンジンの排ガス規制が都市部では厳しくなりました．NOx 浄化技術についてお教えください．

先輩：早閉じミラーサイクルやクールド EGR など，エンジン本体の対策技術だけでは，都市部での NOx の低減規制に対して十分とはいえないんだ．後処理用の浄化装置が不可欠となる．SCR 技術（選択触媒還元技術）は，燃費性能を維持させたまま，NOx の大幅低減を実現できるんだ．

【解説】ディーゼルエンジンの NOx 浄化システムに SCR 技術が使われますが，還元剤としてアンモニア（NH_3）を使ったものが殆どです．このため，尿素 SCR システムと一般的に呼んでいます（図 3-8）．還元剤のアンモニアは人体に有害なため，尿素（H_2N-CO-H_2N）と水（H_2O）を混ぜた尿素水をタンクに入れて排気ガスへ噴霧します．高温の排気ガスの中で熱分解と加水分解が起こり，アンモニアが生成します（式 28）．このアンモニアを含んだ排気ガスが SCR 触媒を通過すると，NOx がアンモニアにより還元され，窒素（N_2）と水が生成します（式 29）．SCR 触媒内では，酸素が残っていても，NOx が N_2 へ選択的に還元されるため，SCR 技術（選択触媒還元技術）と呼んでいます．SCR 触媒は，ゼオライト系とバナジウム系があります．自動車用途では，燃料の低硫黄化が進んでいますのでゼオライト系触媒を使います．バナジウム系触媒は，燃料の硫黄分が排気ガスに含まれていても被毒に強いため，重油などを燃料とするエンジンの NOx 浄化システムに適します．従来の NOx 吸蔵還元触媒システムの場合は，触媒再生のために燃料噴射を行うため，燃費が悪化する要因を持っていました．尿素 SCR システムでは，そのような問題はありません．また，排気ガスの温度が低い状態からでも浄化能力があり高い耐久性も備えています．

● 尿素水を排気ガス中へ噴霧して還元剤のアンモニア（NH_3）を生成
● ゼオライト系触媒で NOx を N_2 へ選択還元

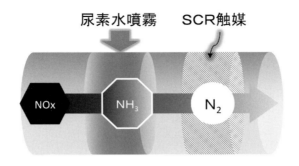

図 3-8. 尿素 SCR システム

> **尿素水のアンモニアへの分解反応**

$$H_2N - CO - NH_2 + H_2O \Rightarrow CO_2 + 2NH_3$$

(式 28)

> **選択触媒内の反応**

$$4NO + 4NH_3 + O_2 \Rightarrow 4N_2 + 6H_2O$$

(式 29)

37 ギアレシオ
◆パワーバンドで設定

ボク：燃費重視のハイブリッド車にパドルシフトのついたスポーツタイプも現れました．ギア比を見ると，小数点以下に不規則な数字が続き複雑です．どうしてなのでしょうか．

先輩：一般にマニュアルトランスミッションは，エンジンのパワーバンドが有効に使える駆動力線図が描けるようにギア比を配分する．パワーバンドで決まるエンジン回転数を公比として，各段の変速比は，等比級数の関係になるよ．ギア比を小数点で表すと複雑だが，元の分数表現ではシンプルな数字なんだ．

【解説】スポーツカーではエンジンパワーを有効に引き出せるよう，パワーバンドというトルクピークの回転数とパワーピークの回転数で挟まれた領域でシフトアップができるようにギア比を配分します．高回転型のエンジンでは，パワーバンドの幅が狭くなりますし，低回転型のエンジンではパワーバンドの幅は逆に広くなります．高回転型エンジンではパワーバンドの幅が狭いものの，トルクの落ち込みなくスムーズに変速できます．低回転型エンジンは，スポーツカー向けではないものの，低回転でも太いトルクが使えるのでパワーピークを気にすることなく運転はし易いエンジンといえます．図3-9に5速トランスミッションの変速段を示します．1速でパワーピーク回転数（Np）まで引張り，車速を落とさず直ぐに2速へ入れてトルクピーク回転数（Nt）へエンジン回転数を移します．同じように2速から3速とシフトアップを続けると，エンジンのトルクピークとパワーピークを使いながら最高の加速が得られることになります．ただし，変速に手間取りエンジン回転数が落ちてしまうとスムーズなシフトアップができなくなるため，シフトチェンジ時にエンジン回転数が自動的に少し吹き上がる機能がついているクルマもあります．表3-1は，少し複雑ですがギア比が等比級数になることを説明しています．

●パワーバンド：トルクとパワーピークの各回転数で挟まれた領域
●ギア比は等比級数となるように設定配分

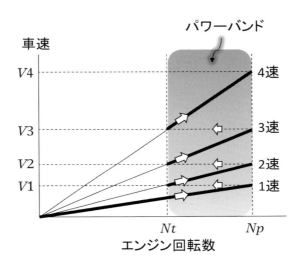

図 3-9. パワーバンドと変速

表 3-1. 変速比

ピークパワー (Np)	ピークトルク (Nt)	$\dfrac{Nt}{Np}$ 変形	$\dfrac{V4}{Np}$ 基準	変則比
$\dfrac{V4}{Np}$	$\dfrac{V3}{Nt}$	$\dfrac{V4}{Nt} \cdot \dfrac{Nt}{Np}$	$\dfrac{V4}{Np}$	1
$\dfrac{V3}{Np}$	$\dfrac{V2}{Nt}$	$\dfrac{V3}{Nt} \cdot \dfrac{Nt}{Np}$	$\dfrac{V4}{Nt} \cdot \dfrac{Nt}{Np}$	$\dfrac{Nt}{Np}$
$\dfrac{V2}{Np}$	$\dfrac{V1}{Nt}$	$\dfrac{V2}{Nt} \cdot \dfrac{Nt}{Np}$	$\dfrac{V4}{Np} \cdot \left(\dfrac{Nt}{Np}\right)^2$	$\left(\dfrac{Nt}{Np}\right)^2$
$\dfrac{V1}{Np}$	$\dfrac{V*}{Np}$	$\dfrac{V1}{Nt} \cdot \dfrac{Nt}{Np}$	$\dfrac{V4}{Np} \cdot \left(\dfrac{Nt}{Np}\right)^3$	$\left(\dfrac{Nt}{Np}\right)^3$

38 ギアレシオの実際

◆動力性能曲線図を例に見てみよう

ボク：スポーツタイプのハイブリッド車でもギア比がどうなっているのか見てみたいです．
先輩：では，ホンダ CR-Z（6MT）の動力性能曲線図を例に見てみよう．図 3-10 に示したプレス情報の動力性能曲線図から，パワーピーク回転数（Np）は 6000 rpm，トルクピーク回転数（Nt）は 4850 rpm と判読できる．カタログの主要諸元表から，4 速のギア比（i4）は 1.054，3 速のギア比（i3）は 1.303，ファイナル（F）は，4.111 だね．タイヤは 195/55R16 で，半径（R）を計算すると 310 ミリとなるんだ．

【解説】ここでは，3 速のギア比を，4 速のギア比とパワーバンドの回転数を使って求めてみましょう．ギアを 4 速に入れて，パワーピーク回転数まで回した場合，タイヤ回転数（N4p）は，N4p＝Np/i4/F から 1384.7 rpm です．この時の車速（V4p）は，V4p＝R・ω＝R・(2・π・N4p/60) から 45 m/s（＝162 km/h）です．ただし，タイヤの角速度を ω としています．4 速のトルクピーク回転数の車速（V4t）を求めると，V4t＝V4p・Nt/Np から 36.38 m/s（＝131 km/h）です．タイヤ回転数（N4t）は，N4t＝V4t/R/(2・π/60) から 1120 rpm です．この車速のまま，ギアを 3 速へ落としてパワーピーク回転数につなぐと，3 速での総減速比（i3t）は，i3t＝Np/N4t から，5.3619 です．ファイナルギア比分を除いて 3 速のギア比（i3*）を求めると，i3*＝i3t/F から，1.304 となりました．これは，カタログ値（i3＝1.303）と等しい値です．スポーツハイブリッド車もエンジンのパワーバンドからギア比を選定していることが理解できます．ただし，モーターやカムプロファイルの切替え機構などがあり，常用域は複雑なセッティングです．

●スポーツハイブリッド車もエンジンのパワーバンドからギア比を選定
●モーターやカムプロファイル切替えがあり常用域のギア比は複雑

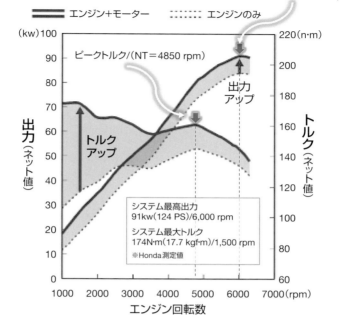

図 3-10. 動力性能曲線図
（Honda CR-Z プレス情報より）

39 エンジンチューン

◆平均有効圧力を上げるとトルクが増大

ボク：走る楽しさが加わったスポーツタイプのハイブリッド車ですが，エンジンの出力を上げるのにはどの様な手法があるのでしょうか．

先輩：エンジンパワー（P）は，トルク（T）と毎分回転数（N）の積で求まるのは知っているだろう（$P = T \cdot (2 \cdot \pi \cdot N / 60)$）．このエンジントルクは，ピストンを押し下げる平均有効圧力（PM[mPa]）に比例するんだ．まずここから見てみよう．

【解説】ピストン面積（A[cm^2]），気筒数（C）とすると，全ピストンを押し下げる力（F[N]）は，$F \sim PM \cdot A \cdot C$の関係です．トルク（T）は，ピストンストローク（L[m]）とすると，$T \sim F \cdot L$の関係です．平均有効圧力を上げるとトルクが増大することがわかります．エンジン軸出力（B[kW]）とすると，平均有効圧力は，「$PM = 600 \cdot B / A / Z / L / N$」です．4サイクルはこの半分の値です．燃焼改善のためピストントップは複雑な形状ですが，ピストン面積はストローク方向に垂直な断面積（ボア）をいいます．出力アップは，行程容積であるボアとストロークのアップや，シリンダー数アップで可能です．これは排気量のアップをいいます．また出力アップは，回転数アップで増大しますが，高回転域では体積効率の減少や回転部分の慣性力の影響が顕著になり大幅な設計変更が必要となります．ショートストロークにすればピストン速度が抑えられるので高回転化が可能となりますが，同時にボアもアップするため，燃焼室が扁平となり火炎の燃え広がりが均等にならず燃焼効率が低下します．平均有効圧力を上げる場合，ノッキングの問題に注意する必要があります．ガソリンエンジンのサイクル効率（η）は，圧縮比（ε），比熱比（κ）とすると「$\eta = 1 - 1/\varepsilon^X$，（ここで$X = \kappa - 1$）」です．圧縮比をアップすれば増大しますが10以上になるとノッキングの問題が現れます．

●平均有効圧力を上げる場合ノッキング発生に注意
●高回転化は体積効率の減少や慣性の影響で大幅設計変更につながる

図 3-11．ショートストロークレーシング用エンジン
（Honda race engine RA121E，出典：本田技研工業（株）広報部）

40 エンジンと加速性能

◆モーターがあってもミッションは必要

ボク：ハイブリッド車は，エンジンの他にモーターを持っています．クルマの加速には十分でしょうか．

先輩：ハイブリッド車も加速能力が必要だね．モーターは，加速動力源として使える．説明に使ったスポーツハイブリッド車はエンジン単体の1.5倍の駆動力が利用できるクルマなんだ．ただし，バッテリーエネルギーを使うので限度がある．搭載しているバッテリー容量が1kWh程度の場合，フルスロットルでアシストすると，数分で空になってしまうんだ．ハイブリッド車用のバッテリーは，充放電を行いながら過不足なく容量をキープする使い方といえるよ．タイムアタックには向いていないんだね．

【解説】モーターアシストを含めた加速性能は不毛な議論なので，ここではエンジン単体の加速性能について見てみましょう．ホンダCR-Z（6MT）を例として取り上げます．車両の諸元は表3-2の通りです．0～100km/hの加速をした場合をを考えます．簡単のため車両は平坦路を抵抗なく加速するとします．1速からの加速では，最大駆動力が5.68（kN）と計算できます．ただし，ファイナルギア効率（F）を99％，1速のギア効率（i1）を95％としました．図3-12は，0.5Gの加速度でタイムアタックした場合のシミュレーションです．エンジンの最大トルクはわずか0.145（kN）です．発進時に5.34（kN）出せないと0.5Gの加速はできません．ミッションがどうしても必要です．車速が上がって来るに従いエンジンのパワーピークに近づくので，加速度を落として，駆動力を減少させ，2速へシフトアップします．駆動力を図3-12のように反比例曲線のように低下させる動きが理想的です．シミュレーションでは，まず加速度を設定しました．横軸の加速時間は，加速度の逆数を速度上昇区間ごとに積算して（積分して）求めています．加速度と速度は，互いに独立変数なので積分する必要があります．

- モーターアシストはバッテリーのエネルギーを使うため限度がある
- 一般車と同じく，エンジン単体では0.5Gの加速が可能

表 3-2. 諸元（ホンダ CR-Z（6MT））

車重 [kg]	エンジン最大トルク [Nm]	ファイナルギア	1速	2速	3速	タイヤ半径 [m]
1130	145	4.111	3.142	1.869	1.303	0.31

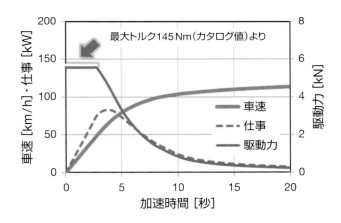

図 3-12. 加速性能特性

コラム3
ハラスメント考

　キャンパス内でも受け手の意思に反した言動で，不快感などを与える行為を取れば，人権侵害につながるため，全教員を集めてハラスメント防止講座が開かれました．学生との研究活動といえども，異性ともなれば誤解を生じる恐れが多分にあるようで，教員はクビを覚悟で接するようにとの注意を受けました．幸い理工系学部のなかでも所属する学科には，女子学生は1～2％程度のため，この点は問題無いようです．

　さて，日活の看板女優として150本以上の映画に出演された浅丘ルリ子さんは，若くして銀幕スターとなって人気を博したため，学校へ行く時間が取れなかったといいます．監督から，モームの○○のようにと指示を受け，一生懸命想像して演技をされたそうです．映画製作現場の監督は，知らない世界へ導いてくれる先生のようであり，尊敬とともに何時しか恋心も抱かれたと述懐されています．そして，自ら真剣に取り組んだ結果，女優として認められるようになったと，感謝の言葉を述べられています．この監督と女優の関係は，教師と自らの意思で積極的に取り組む学生の関係として，文科省から教育現場に積極導入を求められているアクティブラーニングの世界に相通ずるものがあるように思えます．物事には良い面もあれば，悪い面も持ち合わせているというのは常です．セクシャルハラスメントに止まらず，パワーハラスメント，アカデミックハラスメントなど，分類すると多々上げられます．これらは度を過ぎると問題ですが，相手が不快や不利益を感じるものを全て否定してしまうとすれば，その中に人の成長を大いに促す良い面が含まれていたとしても，全否定の中に飲み込まれてしまいます．ハラスメント防止講座の中で，「授業中に私語が多い学生を注意する」，「就活に取り組まない学生を促す」，「試験やレポートで基準に達しない学生を公平に落とす」，「研究や実験で必要により残って取り組んで貰う」などは，アカハラではないと説明を受けました．今の学びの現場を見て，浅丘ルリ子さんは魅力を感じるでしょうか．若いころのように，一生懸命になれる想像力が掻き立てられるでしょうか．

Ⅳ. パワーエレクトロニクス

　ハイブリッド自動車では，モーターが動力の一部を分担します．モーターは電気で動くので，モーターをコントロールするには，電気をコントロールする必要があります．電気をコントロールする電力素子が，パワーエレクトロニクスです．プラグインハイブリッド自動車は，スマートグリッドと接続して，自動車の外部との電力のやり取りをします．パワーエレクトロニクス技術は，自動車だけではなく，電力変換が必要な場合に求められる，幅広い技術なのです．この章では，パワーエレクトロニクスの半導体技術について，エネルギーバンドから説き起こし，回路制御素子であるコイルやコンデンサの特性を理解してから，電力変換の実際について学んで行きます．ハイブリッド自動車に使われる電力用半導体素子は，IGBT（Insulated Gate Bipolar Transistor）をはじめ，技術進化を続けています．技術基盤となる基礎的技術をしっかり押さえておけば，これからの半導体分野の技術進展に対しても，対応できうる力が身に着きます．

41 電力用半導体素子

◆スイッチングにより電力変換

ボク：ハイブリッド車の主電力系統にはモーターとバッテリーがあります．これらのデバイス間の電力変換はどの様な技術が使われているのでしょうか．

先輩：電力用半導体素子というパワーデバイスが，モーターとバッテリー間の電力変換と制御を行っているんだ．電力用半導体素子は，スイッチングデバイスと呼ばれ，電力である電圧と電流のスイッチング（ON/OFF）を行うよ．スイッチング制御は，制御対象となるモーターの状態を検知して，スイッチングデバイスへ指令を出して要求負荷へ答えることになるんだ．

【解説】電力用半導体素子は，電源となるバッテリーと，負荷となるモーターを結んで，要求負荷電力に応じたスイッチング制御により電力変換します．回生時は，運動エネルギーから発電した電力を，スイッチング制御により電力変換します．電力変換の中身を見ると，異なる電力系統間を電力変換する機能があります．例えば直流電源であるバッテリーから，交流負荷であるモーターへの電力変換があります．ハイブリッド車で使われる主電力変換装置は，バッテリーからモーターという直流電源から交流変換するインバータと呼ばれる機能と，発電機からバッテリーという交流電源から直流変換するコンバータと呼ばれる機能を併せ持ちます（図4-1）．クルマの電装系は直流12Vです．モーター駆動用高圧バッテリーと，電装系の低圧バッテリーを結ぶ電力用半導体素子も別の電力変換装置として搭載しています．直流同士の電力変換をするのでDC-DCコンバータと呼ばれています．以上の電力変換装置は，ハイブリッド車では一般的ですが，交流同士の電力変換するものとして周波数変換器が存在します．電力用半導体素子は，ダイオード，サイリスタ，トランジスタと大きく分けることができます．ハイブリッド車で使われている主電力変換装置は，IGBTですが，自分で電流を止める機能がある自己ターンオフ形のトランジスタです．

●要求負荷電力に応じたスイッチング制御により電力変換
●直流／交流など異なる電力系統間をスイッチング制御により電力変換

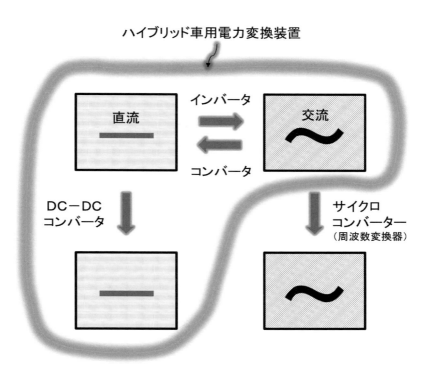

図 4-1. 電力変換装置

42 半導体とエネルギーバンド

◆キャリアは電子と正孔

ボク：ハイブリッド車の電力変換デバイスである半導体とはそもそもどういう物なのでしょうか．

先輩：半導体とはその名の通り中間的な電気伝導体ではなく，元素の添加量により，導体と絶縁体の間の伝導バンド内で，電気伝導率の異なるキャリアデバイスの総称の意味があるんだ．一番簡単な半導体は，2極真空管と同じ整流機能しかないダイオードがある．ハイブリッド車の電力変換デバイスは IGBT が上げられるが，スイッチング動作や信号増幅動作など，高級な制御動作が可能なんだね．

【解説】パワーデバイスの半導体は，シリコン系半導体が主流です．電気伝導は，キャリアと呼ばれる担い手により行われます．電子が電気伝導の多数キャリアを占める場合は，N型半導体と呼ばれます．電子の抜けた穴である正孔が多数キャリアの場合は，P型半導体と呼びます．N型半導体では，電子自身が動きますが，P型半導体では，印加された電界で正孔が動いて電気伝導を行います．シリコン結晶のみで，電子と正孔が過不足ない状態にあるのが真正半導体です．N型半導体は，例えばシリコンの価数よりも1つ多い価電子を持つアンチモン（Sb）をドープすると，共有結合で余分となる電子ができ，伝導電子として電気伝導を担います．P型半導体は，例えばシリコンの価数よりも1つ少ない価電子を持つホウ素（B）をドープすると，共有結合で電子が不足するので空席である正孔ができ，この正孔がキャリアとして電気伝導をします．N型半導体のように電子を供給するアンチモンなどの元素をドナーと呼びます．P型半導体のように電子が不足する正孔を持ち，これにより電子を奪うホウ素などの元素をアクセプターと呼びます．半導体は，電子で占められている価電子帯と，電子がいない伝導体があり，間にバンドギャップがあります．電子が移動するにはエネルギーバンドを越える必要があります（図4-2）．

●N型半導体は電子が動き，P型半導体は印加された電界で正孔が動く
●電子を供給する元素をドナー，電子を奪う正孔のある元素をアクセプター

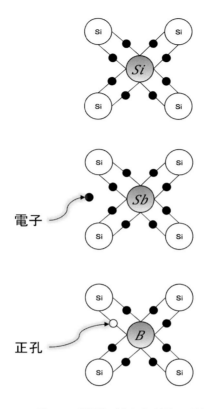

図 4-2．半導体（上から真正，N 型，P 型）

43 PN 接合半導体

◆欠乏層が重要な役割を担う

ボク：P 型半導体と N 型半導体は，どの様にして電力変換デバイスとなるのでしょうか．

先輩：P 型半導体と N 型半導体を接合すると境界部にエネルギーバンドができる．接合前，P 型半導体はフェルミ準位の下に正孔が，N 型半導体はフェルミ準位の上に伝導電子が分布するんだ．接合でフェルミ準位が一致し，フェルミ準位を基準に正孔と伝導電子は相対分布となる．接合面近傍は，正孔側とも伝導電子側ともいえない欠乏層が現れるのさ．この欠乏層が半導体として機能する重要な役割を持つんだ（図 4-3）．

【解説】 N 型半導体から欠乏層に入ると，伝導電子密度は指数関数的に激減します．電界を見ると，欠乏層の N 型半導体は，プラスに帯電しています．逆に欠乏層の P 型半導体は，マイナスに帯電しています．欠乏層の外である接合前から N 型半導体である領域や，P 型半導体である領域は，電気的に中性です．これは接合前から N 型半導体である領域は，伝導電子が多数占めていますが，伝導電子を手放した添加元素（アンチモンなど）は，プラスを帯びます．総量では中性となります．伝導電子が N 型半導体から移動すると，残った N 型半導体はプラスです．接合前から P 型半導体である領域は，正孔が多数占めていますが，伝導電子を受取った添加元素（ホウ素など）は，マイナスを帯びます．正孔が P 型半導体から移動すると，残った P 型半導体はマイナスです．誘電率（ε），電界（E）とすると，電荷密度（σ）は，「$\sigma = \varepsilon \cdot E$」の関係です．ガウスの法則から，欠乏層と N 型半導体をつなぐ断面積（S）では，断面を貫く電荷密度に相当する電束密度ベクトル（D）を積分すると，欠乏層の全電界が求まります．伝導電子の移動方向に電界を積分すると，電位（V）が求まります．電位に伝導電子の電荷（e）を掛けあわせると，伝導電子のポテンシャルエネルギー「$e \cdot V$」となり，欠乏層のエネルギーバンドを表すことになります．

● P 型と N 型半導体を接合すると境界部にエネルギーバンドができる
● 境界部のエネルギーバンドは伝導電子のポテンシャルエネルギーを表す

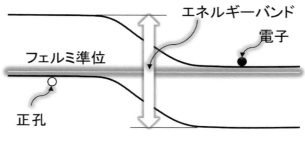

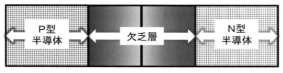

図 4-3. PN 接合半導体

44 IGBT 半導体

◆電動車両用電力変換デバイス

ボク：IGBT 半導体は，電力制御用半導体として電動車両に多用されていると聞きました．この半導体は，どの様な電力変換デバイスなのでしょうか．

先輩：IGBT が登場する前の電力用半導体は，サイリスタだったんだ．今でも数 MW 以上の電力を扱う場合はサイリスタが使われているが，自動車などの電力レベルは IGBT に置き換わっている．今後は，SiC（炭化ケイ素）や GaN（窒化ガリウム）などの次世代電子デバイスへ置き換わるまでは，IGBT の独走が続くだろうね．

【解説】IGBT 半導体は，バイポーラトランジスタと MOSFET（電界効果トランジスタ）が組み合わさった構造の素子です．図 4-4 に示すようにバイポーラトランジスタの入力段となるゲート部に MOSFET が組み合わさった構造です．組み合わせたことで，バイポーラトランジスタの弱点である低いスイッチング速度と，MOSFET の弱点である高耐圧化に従って上昇するオン抵抗の低減（電圧降下の低減）を実現しています．高効率で高精度な制御を行うには高速スイッチングが欠かせません．MOSFET は，トランジスタに比べて高速スイッチングに優れていますが適用できる電圧レベルが数百ボルトと低いため，自動車用途など数 kW 以上の電力帯を利用するデバイスには使えません．このため IGBT が多用されるようになりました．近年は，簡単に適用できるように，IGBT を中心に周辺回路をパッケージ化した IPM（インテリジェントパワーモジュール）が作られ，洗濯機，冷蔵庫，電子レンジ，エアコンなど，身の回りにある家電製品に使われています．デバイス構造を見てみましょう．図 4-5 は，MOSFET ですが，IGBT とはドレイン（D）側に「p 層」がないだけです．IGBT は，「p 層」の追加で「n- 層」の高抵抗を低減し，高耐圧化しても電力損失が少なくできる訳なのです．

●バイポーラトランジスタの弱点である低いスイッチング速度を改善
● MOSFET の弱点である高耐圧化に伴い上昇するオン抵抗を低減

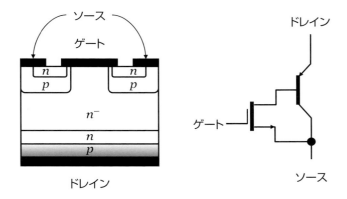

図 4-4. IGBT 半導体

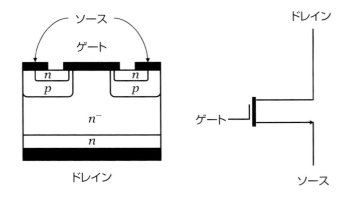

図 4-5. MOSFET 半導体

45 インダクタンスと電流

◆コイル電流は急激に変化できない

ボク：ハイブリッド車の電気動力はモーターです．モーターを開けると巻線が見えますが，どの様な性質があるのかお教えください．

先輩：巻線に使われているコイルは電気エネルギーを蓄えて吐き出す性質があるよ．電気回路にコイルをつなぐと電流の変化を抑えるように働くんだ．例えば，走っているクルマを急停止させるには大きな減速力が必要だが，クルマは運動量を持っていて，摩擦力や減速力などの力をかけなければ慣性の法則に従い運動を続けるのさ．回路に使われているコイルも同じで，大きな逆電圧をかけないと電流は急減しないんだね．

【解説】周期的な電圧源にコイルを接続した電気回路を考えてみましょう．図4-6(a)は電気回路であり，図4-6(b)は回路に加わる周期的な電圧の波形を示します．コイルは，導線を巻いただけなので電気抵抗は殆どありません．コイルは，導線をコイル状に巻くことで，インダクタンスを利用することができます．コイルである導線中を電流が流れると，流れる方向に対して右回りに磁束が発生します．磁束が変化すると，回路に電圧が誘起されます．この理屈から，電流が変化すると，磁束が変化し，電圧が誘起されることになります．図4-6の回路では，矩形波でオン・オフする電圧が回路に印加されています．オン状態では一定の電圧が印加されていますので，回路には，一定の大きさで変化する電流が流れることになります．印加電圧(V)と電流(I)の関係をつなぐのがインダクタンス(L)です．時間をtとすると式30の関係となります．コイルに印加されている電圧を積分してインダクタンスの値で割ると電流が求まります．図4-6で説明すると，一定電圧がコイルに印加されている場合は，電流は一定の傾き(V/L)で増加します．次に，電源からの印加電圧がゼロになっても，回路に流れる電流はゼロにはならず，しばらく一定電流が流れ続けます．

●一定電圧がコイルに印加されると，電流は一定の傾き(V/L)で増加
●次に電圧がゼロになっても回路には一定電流が流れ続ける

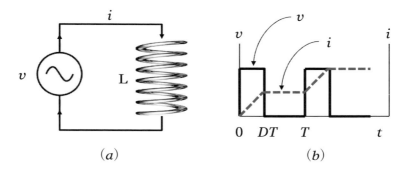

図 4-6. IGBT 半導体

$$v = L\frac{di}{dt} \qquad \text{(式 30)}$$

46 インダクタンスと定電圧源

◆コイル電流の一周期収支はゼロ

ボク：ハイブリッド車の電気動力はモーターですが，モーターの他にも電気負荷がある場合，電気回路の動きはどうなるのでしょうか．

先輩：ハイブリッド車の電気動力負荷には，モーターやエネルギーストレージなどが上げられるよね．モーターは交流で動き，エネルギーストレージは直流なので複雑だね．ここでは，簡単のため，周期的な矩形波電圧電源（V_{S1}）と定電圧電源（V_{S2}）の間にコイル（インダクタンスはL）が挿入された電気回路の動きを考えてみよう（図4-7）．

【解説】矩形波電圧電源の周期（T），デューティ比（D）とします．定電圧電源は，矩形波電圧電源のオン電圧（V_{ON}）とし，おしなべて「$V_{S1} = D \cdot V_{ON}$」の関係があるとします．回路には周期的な矩形波電圧が印加され続けているので，一周期が始まる時の電流のイニシャル値を（I_O）とします．コイルは，周期的な矩形波電圧電源と定電圧電源に挟まれています．定電圧電源の電圧方向は，周期的な矩形波電圧電源と逆になるので，コイルにかかる電圧（V_C）は，両電源の差電圧「$V_C = V_{S1} - V_{S2}$」が印加されます．回路電流（I）とし，電圧関係をまとめると，式31の関係になるまで，図4-7の回路の左から右へ電流が流れます．時間でいうと，矩形波電圧電源がオン電圧（V_{ON}）となる0からDTの期間です（式32）．次に矩形波電圧電源がオフ電圧（V_{OFF}）となるDTからTの期間について見て見ます．コイルにかかる電圧（V_C）は，両電源の差電圧「$V_C = V_{S1} - V_{S2}$」が印加されますますが，$V_{S1} = 0$になるので「$V_C = -V_{S2}$」と変ります．コイルからは，電流が同じ方向へ継続して流れ続けます．コイルからの電流は，一定の割合で減少します．電流は，一周期が始まる時の電流のイニシャル値に達するまで減少し続けます．矩形波電圧電源がオンとオフの期間の，コイルの両端にかかる電圧面積は，大きさが等しく向きは反対となるので，電流は一周期で元の状態に戻ります．

- ●オンデューティー期間にコイルへエネルギーが蓄積
- ●オフデューティー期間にコイルからエネルギーを放出

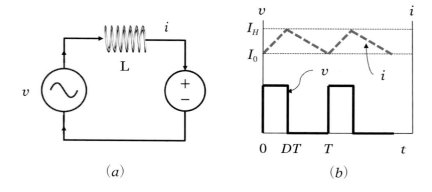

図 4-7. インダクタンスと定電圧源

$$v_{S1} = v_{S2} + L\frac{di}{dt} \qquad \text{(式 31)}$$

$$v_{ON} = D \cdot v_{ON} + L\frac{(I_H - I_0)}{DT} \qquad \text{(式 32)}$$

47 回路の共振

◆コイルとコンデンサの LC 共振回路

ボク：ハイブリッド車の電気回路は，コイル，コンデンサや抵抗素子が使われています．これらの回路素子を使う場合，共振問題があると聞いたことがあります．どのような動きをするのでしょうか．

先輩：電気回路でコイル（L）とコンデンサ（C）は反対の動きをする素子と考えると良いよ．このため特定の周波数（f_{LC}）に対して共振現象を起こすんだ．入力電圧（V_{IN}）の周波数（f）を「$f=f_{LC}$」と一致させた場合，出力電圧（V_{OUT}）は非常に大きな値となる．コイルとコンデンサからなる LC 回路に抵抗を挿入した場合の動きを見てみよう．

【解説】 ベースとなる LC 回路を図 4-8 に示します．回路の入力電圧は，周期的な矩形波電圧とします．A 点で見た出力電圧は，実効値 V ボルトの交流電圧波形となった場合，角周波数（ω_{OUT}）は，「$\omega_{OUT}=2\cdot\pi\cdot f_{LC}$」より式 33 で表すことができます．B 点に流れる電流（I_{OUT}）を求めてみましょう．B 点手前のコンデンサの電荷（Q）は，「$Q=C\cdot V_{OUT}$」ですね．B 点の電流は，コンデンサの電荷の時間変化なので式 34 で表せます．式 33 の電圧から，B 点の電流は式 35 となります．さて，B 点に抵抗を挿入すると共振振幅が小さくなります．抵抗負荷が大きいと共振振幅値も下がりますが，抵抗負荷が小さいと共振し易くなります．一方，A 点に抵抗負荷をコンデンサと並列に挿入した場合，同じく共振振幅は小さくなります．ただし，抵抗負荷が小さいと共振振幅値も下がりますが，抵抗負荷が大きいと共振し易くなります．A 点に抵抗負荷を挿入し共振電流を与える回路を直列共振形 LC 回路と呼びます．B 点に抵抗負荷を挿入し共振電圧を与える回路を並列共振形 LC 回路と呼びます．抵抗負荷を挿入しても図 4-8 の回路と同様の共振現象がおこりますが，直列挿入の場合はできるだけ小さく，並列挿入の場合はできるだけ大きい抵抗負荷とする必要があります．

- ●直列抵抗挿入の場合はできるだけ小さい抵抗負荷で共振
- ●並列抵抗挿入の場合はできるだけ大きい抵抗負荷で共振

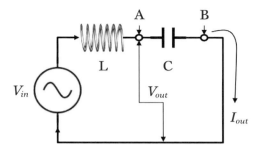

図 4-8. LC 共振回路

$$V_{out} = \sqrt{2}V \sin \omega_{out} t \qquad \text{(式 33)}$$

$$I_{out} = C \cdot \frac{dV_{out}}{dt} \qquad \text{(式 34)}$$

$$I_{out} = \sqrt{2}VC\omega_{out} \cos \omega_{out} t \qquad \text{(式 35)}$$

48 平滑整流回路

◆電流方向を制限しリップルを取る

ボク：ハイブリッド車の電気回路はモーターやバッテリーが使われますが，そのままで動くのでしょうか．

先輩：モーターは交流で作動しバッテリーは直流で動くんだね．交流と直流をつなぐには，電流を整流して流れる方向を制限する必要がある．整流作用のあるダイオードと，整流後にリップル（波形のがたつき）を取るコンデンサによる平滑回路で動きを見てみよう．

【解説】図4-9は，交流電源から出た電圧（V_{in}）をダイオード（D）で整流し，コンデンサ（C）でリップルを取ってから，定電流負荷（電流値 I_{cc} の一定電流を消費する負荷）に流す平滑整流回路です．交流電源として，実効値（V）で周波数（f）の単相交流を回路に加えた場合を考えてみましょう．ダイオードに流れる電流（I_d）は，定電流負荷への電流（I_{cc}）と，コンデンサに流れ込む電流（I_c）の和「$I_d = I_{cc} + I_c$」です．コンデンサへの電流は，コンデンサへ流れ込む電荷（Q），コンデンサ電圧（V）とすると「$Q = C \cdot V$」です．コンデンサ電流は，電荷の時間変化なので I_d は，式36で表せます．回路に加える交流電源の電圧は式37と書けます．コンデンサ電流は，式37で表した電圧の時間変化とコンデンサ容量の積なので式38となります．電源は交流なので，ダイオードに流れる電流も変化します．ダイオードに流れる電流がゼロになると式1はゼロになりますが，コンデンサに溜まっていた電荷が，定電流負荷へ流れます．定電流負荷の電圧（V_{out}）は，式1を変形すると求まります．コンデンサ電圧（$= V_{out}$）は，初期電圧（V_c）から式39の傾きを持って時間と共に減少します．この電圧カーブは，山の斜面をロープウェイで登り，隣の山へ下ってゆく軌跡の様であり，定電流負荷の大きさに比例し，電荷を貯めているコンデンサ容量に反比例します．なお，図4-9のグラフは，交流電源の電圧実効値が100 V，周波数が60 Hzとして求めています．

● コンデンサの放電々圧カーブは，ロープウェイで山の斜面を登り隣の山へ下る軌跡で，負荷の大きさに比例しコンデンサ容量に反比例する

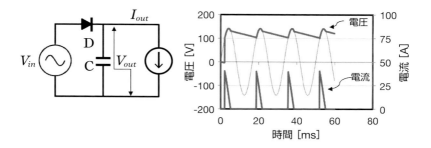

図 4-9. 平滑整流回路

$$I_d = I_{cc} + I_c = I_{cc} + C \cdot \frac{dV_{in}}{dt} \quad \text{(式 36)}$$

$$V_{in} = \sqrt{2}V \sin(2\pi ft) \quad \text{(式 37)}$$

$$I_c = C \cdot \frac{dV_{in}}{dt} = C \cdot 2\sqrt{2}\pi \cos(2\pi ft) \quad \text{(式 38)}$$

$$V_{out} = -\frac{I_{cc}}{C}t + V_c \quad \text{(式 39)}$$

49 単相全波整流回路

◆最高最低電圧間をダイオードでつなぐ

ボク：ハイブリッド車の電気回路で，交流を効率良く直流変換するにはどうすれば良いのでしょうか．

先輩：フルブリッジを使った全波整流回路で単相交流電源から負荷電流を供給する場合を考えてみると良いよ．

【解説】電源電圧の実効値（V=100 V），周波数（f=60 Hz）の正弦波交流（V_{in}）を，図4-10の回路へ供給した場合の各部の電圧波形を見てみることにしましょう．電源電圧の波形（V_{in}）は図4-11の上図となります．ダイオードブリッジを通り，直流側負荷の入力端の電圧（V_+）は，図4-11の下図で示す波形を描きます．また，直流側負荷の出力端の電圧（V_-）は，図4-11の下図で示す波形を描きます．直流側負荷の入出力間の電圧波形（V_{out}）を見ると，電源電圧の波形が全波整流された形です（図4-11の上図）．直流側負荷の入出力間の電圧波形は，直流側負荷の入力端の電圧から直流側負荷の出力端の電圧を引いた「$V_{out}=V_+-V_-$」です．交流電源側に目を移すと，ダイオードに電流が流れる時の電圧降下は無視できる場合，直流側負荷の入力端の電圧は，V_1とV_2の中で電圧が大きい方の値を示します（図4-10）．また，直流側負荷の出力端の電圧は，V_1とV_2の中で電圧が小さい方の値を示します．ここで，図4-10の回路の直流側負荷と並列に平滑用のコンデンサを挿入した場合を考えましょう．コンデンサ容量が小さい場合は，直流側負荷の入出力間の電圧波形は，全波整流された電圧波形の山が図4-11の上図とほぼ変わりません．コンデンサ容量を大きくしてゆくと，全波整流された電圧波形の山の頂上同志をつなげた波形を描くようになります．これは，電源電圧は正弦波交流なので，コンデンサに溜まった電荷によるコンデンサ電圧より下がる期間が生じます．ダイオードは導通をやめますが，負荷にはコンデンサから引き続き電流が供給されます．コンデンサは容量があるため，電流供給してもコンデンサ電圧の低下は緩慢となり電圧波形の山の頂上同士をつなげた波形となるのです．

- 直流側負荷と並列に平滑用の大容量コンデンサを挿入
- 全波整流された電圧波形の山の頂上同志をつなげた波形を描く

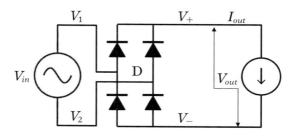

図 4-10. 全波整流回路

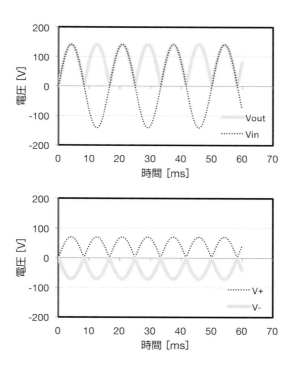

図 4-11. 全波整流回路電圧波形

50 三相全波整流回路

◆三相交流は動力系の電源

ボク：ハイブリッド車の電気回路で，直流変換する単相回路を知れば十分でしょうか．

先輩：産業界でよく使われるのは三相交流電源なんだ．三相交流電源から直流変換して負荷電流を供給する必要があるよ．三相交流でも，フルブリッジを使った全波整流回路の動作を理解することが次に必要だよ．

【解説】 電源の線間電圧値（V = 100 V），周波数（f = 60 Hz）の三相交流を，図 4-12 の回路へ供給した場合の各部の電圧波形を見てみましょう．直流側負荷の入力端の電圧（V_+）は，電源電圧の波形の上に太線で重ね書きした波形となります（図 4-13 の下図）．また，直流側負荷の出力端の電圧（V_-）は，同じく電源電圧の波形の上に太線で重ね書きした波形となります．直流側負荷の入出力間の電圧波形（V_{out}）を見ると，三相交流電源の z 電圧波形が全波整流された形です（図 4-13 の上図）．この直流側負荷の入出力間の電圧波形は，入力端の電圧から直流側負荷の出力端の電圧を引いた「$V_{out} = V_+ - V_-$」です．交流電源側に目を移すと，ダイオードに電流が流れる時の電圧降下は無視できる場合，直流側負荷の入力端の電圧（V_+）は，V_r, V_s 及び V_t の中で最も電圧が大きい値となります．また，直流側負荷の出力端の電圧（V_-）は，V_r, V_s 及び V_t の中で最も電圧が小さい値を示します．図 4-12 の回路の直流側負荷の手前に平滑用のコイルを直列挿入した場合を考えましょう．コイル容量が小さい場合は，直流側負荷の入出力間の電圧波形は，全波整流された電圧波形とほぼ変わりません．コイル容量を大きくしてゆくと，コイルを通った後の負荷電圧の変動を抑えることができます．これは，コイルに流れる電流（I_L）が，コイル両端電圧の時間積分値をコイルのインダクタンス（L）で除した値とコイル電流の初期値の合計となるからです．直流側負荷電圧は，コイル電流に負荷抵抗値をかけた値です．コイルを通すと電流が安定し，負荷電圧の変動を抑えることができるのです．

●直流側負荷と直列に平滑用の大容量コイルを挿入
●コイルを通すと負荷電圧の変動が抑えられる

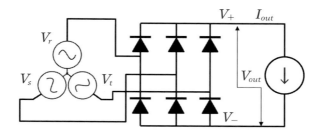

図 4-12. 三相全波整流回路

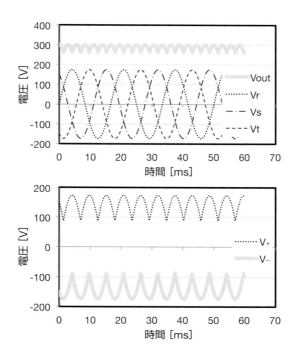

図 4-13. 三相全波整流回路

Ⅳ. パワーエレクトロニクス ── 107

51 インバータ回路
◆直流を交流へ変換する逆変換装置

ボク：ハイブリッド車は，電源となるバッテリーからモーターへ電力供給する電気系統があります．どのようにしてモーターを動かすのでしょうか．

先輩：バッテリーの直流電力を交流電力に変換して，モーターを動かす必要があるんだ．電力を変換するためのパワードライブ装置をインバータと呼んでいる．パワードライブ装置には，主にIGBTなどの電力用半導体素子が使われているよ．電力制御するには，電力用半導体素子にスイッチング動作を行わせる必要があるんだ．簡単なインバータ回路から動きを見てみよう．

【解説】 インバータは逆変換装置と呼び，直流を交流へ変換する動作をします．この反対の動作を行うのがコンバータで順変換装置と呼び，交流を直流へ変換します．ハイブリッド車では，モーターが発電機となり減速エネルギーを回生するのが普通です．この動作は順変換ですのでコンバータといえますが，ハイブリッド車のパワードライブ装置を統一してインバータと呼んでいます．インバータは負荷に電力を供給しますが，負荷は交流負荷（交流でなければ動かない，若しくは交流をかけても直流と同様に作動する）なので，負荷に供給する電圧の方向を切り替える必要があります．図4-14は，電源電圧（V）の直流電源から負荷（X）へ電力を給電するする回路です．負荷と電源の間にはスイッチをブリッジ状に組んでいます．スイッチ S_1，S_4 をオンして（S_3，S_2 はオフ）負荷へ通電し，次にスイッチ S_3，S_2 をオンして（S_1，S_4 はオフ）負荷へ逆方向へ通電します．スイッチはアームと呼びますが，単相交流負荷に供給するには4アームでブリッジを構成すれば良いことになります．三相交流負荷の場合は，6アームの構成となります．負荷がモーターのようなインダクタンスを持っている場合は，電流に遅れが生じるため逆流現象が起こります．この場合，還流ダイオードを各アームへ逆並列で接続します．

- ハイブリッド車のパワードライブ装置を統一してインバータと呼ぶ
- スイッチをブリッジ状に組み通電方向を切り替えて負荷へ給電

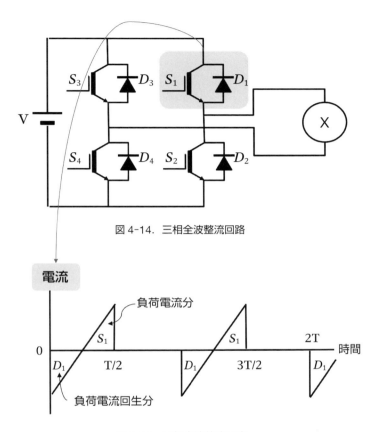

図 4-14. 三相全波整流回路

図 4-15. 三相全波整流回路

52 車載電子部品のパッケージング

◆電子製品の実装密度をアップ

ボク：携帯電話が多機能のスマートフォンに代わり，最近はウオッチタイプで，スマホの機能を持つ製品も出てきました．自動車の電子部品の世界でも小型化が進んでいるんでしょうね．

先輩：ガラパゴス携帯の時代まで，小型化は日本メーカのお家芸だったのに，スマホ時代になってからは見る影もなくなってしまったね．でも，小型化の技術は日本車の電子製品に受け継がれているんだよ．

【解説】車載電子製品の小型化は，車両の軽量化につながり燃費向上に寄与することは容易に想像できます．手っ取り早いのは，制御回路を操作対象機器のアクチュエータと一体化することが上げられます．両者をつなぐ電気配線が短くなり，入出力ポートとなるカップラが不要となるからです．では，電子製品をどうやって小型化して行けば良いのでしょうか．電子部品は基板上に実装されており，実装密度を上げれば基板も小さくて済みますが，ここで問題があります．車載電子部品の基板は，スマホの基板と違いアクチュエータを作動させる電力用素子を基板上に抱いています．電力用素子は大電流をコントロールするため発熱します．小型化には放熱対策が必要です．そこで，放熱性の良いセラミック基板を使います．実際の放熱はアルミなどのヒートシンクで行い，セラミック基板をヒートシンクへ接着して熱伝導を促進させます．基板と実装部品の熱膨張の違いで接続箇所のはんだにクラックが入ることがあります．このため製造時はんだ接続部の形状を整えるリフロー工程を設けたり，基板と電子部品の間へシリコンゲルを充填したり，樹脂を塗布し硬化させて熱応力を緩和させています．セラミック基板とコネクタ端子との接続はアルミ線などの金属を使いワイヤボンディングを行います．車両の振動がワイヤを破断させることがないように，半導体で使われている接続形状や実装封止を応用します（図4-16）．

- はんだ接続部形状を整えるリフロー工程でヒートストレス因子を緩和
- 基板と電子部品間へシリコンゲルの充填などで熱応力を緩和

図 4-16. 車載電子部品のパッケージング

53 車載電子部品の樹脂モールド

◆樹脂で包んで環境性能をアップ

ボク：基板と電子部品を樹脂で包むと振動面で強くなったり，部材の熱膨張を緩和したり，放熱性能も上がったりと良いことづくめですね．コストもかかりそうにないので僕は良いと思います．

先輩：樹脂モールド技術は，電力用制御素子と駆動用制御回路をパッケージング化した技術に見ることができるよ．この技術は，電動車両に搭載した各種センサー用部品でも使われている．センサーは，高温・振動・被水など厳しい環境条件に置かれるので，樹脂モールド化で耐久性を上げ，寿命を延ばすことが期待できるんだ．応用面に長けた日本の技術は，コストダウンを経ながら，周辺の部品類へも適用が進んでいるんだよ．

【解説】車載電子製品は，エンジンルームに集結することで一体化を図る設計がトレンドです．エンジンルーム内の環境は，場所により100℃を優に越えることもあり，水はもちろんオイルやクーラントなど，耐薬品性も持たせる必要があります．また，冷えると高温時との熱落差が大きくなります．様々な部材により構成されている電子部品は，それぞれ熱膨張係数が異なるため，ヒートストレスを受けることになります．樹脂でモールドすることで，異種材料間の熱膨張差を吸収し，発生する熱応力の緩和が可能です（図4-17）．電子部品の多くの箇所に使われる，はんだ寿命も延びることが期待できます．樹脂材料の熱膨張特性へ近づけるため，導電性の優れた銅材をアルミ材へ置き換えるなど金属材料を見直すことも行われています．電子部品に使われるセラミック基板は，放熱性が良いといわれていますが，はんだやヒートシンクに比べると10倍以上の熱抵抗があります．しかし一番熱抵抗が高いのは，セラミック基板とヒートシンクの間に薄く塗布されるシリコン系などの耐熱性接着剤で，50倍ほどの熱抵抗があります．耐熱性接着剤の問題は，電子部品の設計面から様々な取組が行われています．

● 樹脂で包んでヒートストレスを緩和
● 樹脂モールドではんだ寿命が延びる

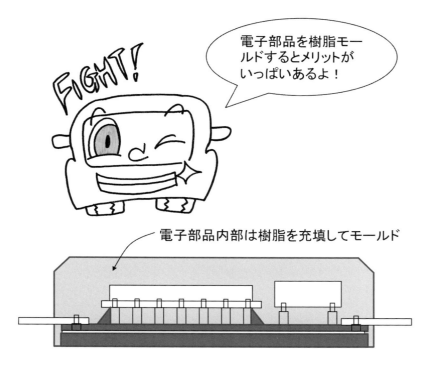

図 4-17. 車載電子部品の樹脂モールド

54 車載電子部品と搭載環境

◆環境評価試験で信頼性を確保

ボク：HEV は電子部品がガソリン車に比べ多く使われていると思います．その分コストも上がるはずですが，価格が上がればガソリン車との競争に不利です．車載電子部品の信頼性は大丈夫でしょうか．

先輩：HEV は，これからも電動化・大電力化の方向に進むだろうし，車の信頼性は上がっているので使用年数は増加傾向にあるよ．HEV の長期信頼性を確保するには使用環境をしっかり押さえて開発する必要があるんだ．HEV には専用プラットホームもあれば，ガソリン車の派生ラインアップもある．HEV の電子部品は，派生機種でも搭載環境が違う場合があり評価試験は手を抜かず実施することは大切だね．

【解説】車載電子部品は，エンジンルームに搭載されるようになりました．エンジンルームでの使用温度範囲は，マイナス 30 〜 40℃から上はプラス 140 〜 150℃程度と考え，振動は最大で 30 G（重力加速度の約 30 倍）程度を見る必要があります．HEV の車載電子部品は，温度環境や衝突安全性を考慮して車両の中央部やトランクルームに搭載されるタイプから始まりましたが，機電一体化の流れを受け環境の厳しいエンジンルームに搭載するようになります．エンジンルームは被水環境にあり，電子部品の筐体を耐水処理しても筐体内で結露することが避けられません．エンジンルーム内の電子部品は，エンジンの輻射熱を受け，また大電力化で自身が発熱します．エンジン振動の影響と相まって電子部品の接合部は，熱疲労と振動及び結露に対して十分な信頼性を持たせる必要があります（図 4-18）．車室内環境にあれば安心と考えるのは早計です．飲み物をこぼして被水する可能性もあります．また，エアコンの使用で外部との温度差により電子部品内で結露が起こります．エアバッグの事故が高温高湿環境で起こり大規模なリコールとなりましたが，車載電子部品も心して信頼性に努める必要があるでしょう．

● HEV 電子部品はエンジンルームへと厳しい環境へ搭載場所を変更
● 熱，振動，被水，結露の環境評価試験で信頼性を確保

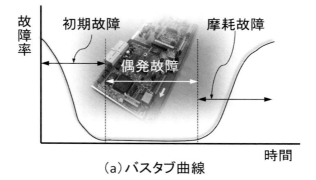

(a) バスタブ曲線

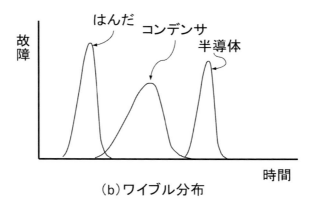

(b) ワイブル分布

図 4-18. 故障率と故障分布

コラム4
世界の工場と日本企業

　中国が世界の工場といわれて久しくなりました．近年は技術力と共に労働賃金も上がり，企業は技術的難易度の高い製品や技術の準開発拠点として中国の位置付けを変えて来ています．中国の技術者と仕事をする機会が多かったのですが，優秀な人がここそこにいて，目前の課題をいとも簡単に片づけることに舌を巻いた憶えがあります．ただ，この国はあまりにも大きく，そしてとても懐の深い国なので，優秀な人間を生かし切れていないように感じます．この見方は，わたし達が物事に対して性急な捉え方をする観点からであり，中国の人から見ると特段問題ない話と思います．性急な捉え方とは，改善点や無駄な点を見つけると，直ぐに対応策へと動いてしまうことを指します．日本企業は，世界の生産拠点で計画通り，優れた品質の製品が作れることは，世界中が認める事実です．今後も，どこに工場を建てても，同じことがいえることには疑う余地はありません．日本企業はどうしてやり遂げてしまうのでしょうか．それは，日本は島国であり，日本人はその中の村社会で生き続けてきたことが影響しているからでしょう．村社会は首領や長老の指示は絶対です．守らないと村から出なければなりません．根なし草となり生き続けることは難しくなります．現在は，村社会が企業社会となり，首領は直属の上司に代わりました．企業がグループを形成しても，親会社の指示はグループ企業内へ徹底します．海外進出しても，進出先の国で同様に現地従業員への指示を徹底します．現地従業員の意思を尊重し，様々な働き方を認めると，企業という村社会が崩壊してしまい，これを認め難くなります．近年は，中国でも日系企業の工場で労働争議が起き，持て余した企業が縮小撤退の道を辿っています．グローバル化といわれますが，日本の村社会が，そのまま現代の日系企業として姿を変えて，世界進出したに過ぎません．一方で，グローバル化した日系企業に取り，新しい発想や技術を育み，優秀な技術者を活かすことは，村社会の延長上にない高いハードルです．我が国の企業は，優秀な技術者との相乗効果で優れた製品を作り上げた結果，世界的企業が誕生しました．しかし製品開発競争で勝ち続けてきた状況が一変し，従来の硬直した製品開発では，競争力が無くなっています．ある我が国の世界的企業は，技術部門を縮小しエンターテインメント事業に舵を切るといいます．企業が成長を謳歌した時代に，優秀な技術者の技術的発想を活かすハードルを真剣に越えようとしなかった結果，企業という村社会は崩壊を迎えるしかないのでしょうか．

Ⅴ．エネルギーストレージ

　エネルギーストレージは，運動エネルギーをブレーキ熱で捨ててしまう代わりに，電気エネルギーとして貯蔵し，必要な時に取り出しましょうという役割を担っています．エネルギー消費を抑え，地球環境に貢献する重要なコンポーネントです．一方で電気化学反応により，電池を構成する材料は劣化進展するという，厄介な面も同居しています．この章では，ハイブリッド自動車用電源として首位の座に就いたリチウムイオン電池について，開発の経緯，電池反応，電池構造と材料，安全性技術，電池評価，電池の性能計算，そしてポストリチウムイオン電池を含め，基礎的技術を概観します．リチウムイオンをはじめとする，電池の熾烈な開発競争は，現在も続いています．より優れた電池が開発されると，国境を越えて，直ぐに普及するでしょう．同時に，多くの技術的取組みが，如何に結びついたことを理解するために，現時点での電池技術について知ることが，今の私たちにとって大切です．

55 金属リチウムを負極に使った二次電池

◆金属リチウム電池は安全性に課題

ボク：ハイブリッド車のエネルギーストレージとしてリチウムイオンバッテリーが搭載されています．実用化への道はどのように進んだのでしょうか．

先輩：リチウムイオンバッテリーはポータブル電子機器の電源として使われ始めたが，高出力用途はハイブリッド車から本格普及したといえると思うよ．1995年では市場占有率が1割程度であったけど，2015年には9割を超えるまでに普及しているんだ．エネルギー密度も当初の3倍近くまで増加し，更なる進化を続けているんだね．

【解説】リチウムを使った電池は，リチウム一次電池が我国で1970年代に実用化されています．しかし，リチウム二次電池の登場は更に時間が必要でした．リチウムは負極に使われますが，短寿命のことや安全性に問題を抱えていました．リチウム金属は電位が標準電位（水素）に対して低い位置にあり電解液である有機溶媒を還元分解します．電解液の種類により分解して生じた生成物が保護膜となって分解が抑制され，充放電もできるようになりました．この保護膜はSEI層と呼ばれリチウムイオンのみを通過させるのですが，リチウム金属も使われ続けるためバッテリー寿命は下がります．さらに一番の問題は，充電時に正極から負極へ戻ったリチウム金属が針状に析出することです．電池として使う放電時は，針状リチウム金属が折れて負極表面を覆い大きな接触抵抗となり，充放電ができません（図5-1）．また，針状リチウムは，リチウム金属のため活性があり，充放電による電池温度上昇とともに発熱が生じ発火に至るという安全上の大きな問題点を抱えています．事実1990年以前に商品化されたリチウム金属二次電池は，モバイル機器での発火事故が発生し一時開発中止に追い込まれました．負極にリチウム金属を使用する電池構成を見直して，正極に酸化コバルトリチウム（$LiCoO_2$）を使って安全性を担保したリチウムイオン電池へと進化することになったのです．

●金属リチウム電池は，短寿命と安全性に大きな課題
●リチウムイオン電池へ進化することで短寿命と安全性の課題を解決

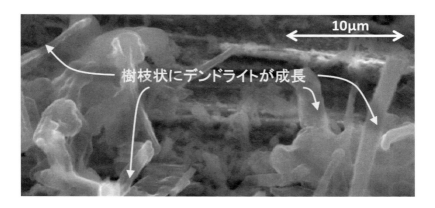

図 5-1．金属リチウム電池のデンドライト

56 リチウムイオン二次電池のデビュー

◆安全性とサイクル寿命の問題を解決

ボク：リチウムイオン電池は，リチウム金属を使っていないとは知りませんでした．電池はどの様な材料で構成されているのでしょうか．

先輩：最初に実用化されたリチウムイオン二次電池は，金属リチウム電池が負極にリチウム金属を使ったのに対して，炭素であるハードカーボンを用いているんだ．ではリチウムはどこにいるかというと，正極にあって酸化コバルトリチウムの形の構成となったんだよ．リチウムは金属の形では入っていないよ．だから，金属リチウムで問題となった充放電による負極での針状に析出する金属リチウムの生成が起こらず，負極の表面を覆うSEI層（図5-2）の心配もなくなったんだ．充放電を行うと，負極ではリチウムイオンがハードカーボンの層間に出入りするだけで，ロッキングチェアーの様な単純な動きをするだけなので，安全性に富むだけではなく，寿命に対しての問題も心配しなくて良い電池となっているんだよ．

【解説】酸化コバルトリチウムの形で実用化されたリチウムイオン電池は，電位が4Vを超え，金属リチウム電池に対して1V以上も高く，優れたエネルギー密度を有しています．一方で，高電位のため従来の電解液では分解が生じてしまいます．そこで，炭酸エステルや炭酸プロピレンを用いた有機溶媒を使うことで酸化分解の問題を解決しました．金属リチウム電池は，負極にリチウム金属を使うため，充電されたポテンシャルの高い状態なので電池としては不安定です．リチウムイオン電池は，リチウムは正極に酸化コバルトリチウムの形で収まっています．これは放電した状態のため一度充電しないと使えないのですが，電池を輸送する場合は安定な状態のため高いエネルギー密度を持つ電池にとっては安全です．リチウムイオン電池は，安全性が高く，高い作動電圧やエネルギー密度に優れ，サイクル寿命の問題を解決してデビューを飾ることになりました．

● リチウムイオン電池は酸化コバルトリチウムの形で実用化
● 高い安全性，作動電圧，エネルギー密度と寿命問題を解決してデビュー

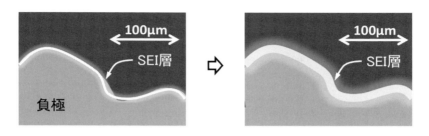

図 5-2. 負極を覆う SEI 層の成長（SEI: Solid Electrolyte Interface）

57 リチウムイオン二次電池の反応

◆ロッキングチェアー型電池反応

ボク：リチウムイオン電池は，リチウムイオンが電槽内で動くだけと聞きましたが，どのような反応が電池の中で進んでいるのでしょうか．

先輩：リチウムイオン電池は，正極に酸化コバルトリチウム，負極に炭素を用いた構成でスタートしたんだ．電池として機能するには，電解液を通して，充電で正極の活物質からリチウムイオンを放出し，負極の活物質がリチウムイオンを消費する反応形態が取れ，また放電ではこの逆の反応形態が取れれば良いといえる．このため，様々なリチウムイオン電池が研究され実用化の道を進んでいるんだ．ここでは，リチウムイオン電池として出発した基本的な電池の活物質構成から電池の反応を見てみよう．

【解説】正極に酸化コバルトリチウム，負極に炭素を用いたリチウムイオン電池の反応を見てみましょう．まず，充電反応を見ると，正極の酸化コバルトリチウムは，式40の通り電解液へリチウムイオン（Li^+）を放出します．実際は，サイクル寿命や安全性の観点からリチウムイオン全部を放出するのではなく半分に止めています．負極の炭素（ハードカーボンを使います）では，電解液のリチウムイオンを消費することで式41の通り，ハードカーボン内にリチウムをため込む形で充電が行われます．リチウムイオン電池の全反応は式42の通りにまとめることができます．放電は，この逆の反応が行われます．負極からは，リチウムがリチウムイオンの形で電解液へ放出されます．リチウムイオンと別れた電子は，電池に接続された導線を伝って電気負荷へエネルギーを供給します（式43）．リチウムイオンと電子は正極で再び出会い，酸化コバルトリチウムの形に戻ります（式44）．リチウムイオンが電解液を通して，電槽内を行き来するだけなので，理想的に反応が進むと劣化要素がありません．ロッキングチェアー型電池と呼ばれるのはこの反応形態が由来です．

● 充電では正極活物質からリチウムイオンを放出し，負極活物質が消費する反応形態（放電ではこの逆の反応形態）

$$2LiCoO_2 \rightarrow 2Li_{0.5}CoO_2 + Li^+ + e^-$$ (式40)

$$6C + Li^+ + e^- \rightarrow C_6Li$$ (式41)

$$2LiCoO_2 + 6C \rightarrow 2Li_{0.5}CoO_2 + C_6Li$$ (式42)

$$C_6Li \rightarrow 6C + Li^+ + e^-$$ (式43)

$$2Li_{0.5}CoO_2 + Li^+ + e^- \rightarrow 2LiCoO_2$$ (式44)

リチウムイオン電池の反応式って、良〜く見ると分かって来るよ！

58 リチウムイオン二次電池の構造

◆正／負極活物質，セパレーターと電解液により構成

ボク：リチウムイオン電池の中のリチウムイオンの動きはとてもシンプルであることがわかりました．では，電池の中身はどうなっているのでしょうか．

先輩：リチウムイオン電池は，正極活物質，負極活物質と電解液により電池として機能するんだ．簡単な円筒構造の電池で説明すると，正極活物質は正極を構成するシート上に塗られていて，負極も同様に負極活物質が負極を構成するシート上にペースト塗布されている．負極としては黒鉛を使う場合が多いよ．正極と負極のシートを重ね合わせて電池を構成するがこのままでは短絡してしまうので，間にリチウムイオンのみを通過させることのできるセパレーターを挟むことになるね．実際は，セパレーター，正極シート，セパレーター，負極シートの順で平面上に重ね合わせ，巻いてから円筒状の電槽管に入れるよ．電解液を注入して封をすれば電池の形となるんだ（図5-3は，ラミネートセルシート積層構造）．

【解説】リチウムイオン電池は，リチウムを使うので4V級の高電位が利用できます．リチウムは水と激しく反応し，水溶液系の電解液は使えません．非水溶液系の電解液を使うのですが，イオン導電率が下がり内部抵抗が上がるので電流密度が取れません．そこで，電極シートの厚さを薄くして電極シートの巻取り長さを増やすことで電極の表面積を大きくし，電流密度の低下を防ぎます．正極は，活物質粉（コバルト酸リチウムなど）を結着剤溶液中に撹拌し，スラリー状にして基材となるアルミ箔などへ塗布して乾燥させて作ります．負極も同様に，黒鉛粉末を活物質として結着剤とスラリー状にして作ります．結着剤にフッ素があるとフッ化リチウムができてしまいます．フッ素を含まないポリマーバインダーを使う工夫も取られています．セパレーターは当初ポリプロピレン製が使われましたが，より熱的安定性の高いポリエチレン製で，リチウムイオンを通す多孔質積層セパレーターが使われるようになりました．

- ●電解液：水溶液系は電気分解して使えないため有機溶媒を使用
- ●セパレーター：安定性の高いポリエチレン製多孔質積層膜方式を採用

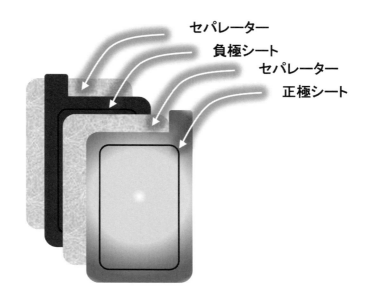

図 5-3. リチウムイオン電池構造（ラミネートセル構造タイプ）

V．エネルギーストレージ

59 リチウムイオン二次電池の正極

◆正極のコバルトを他の金属と置換

ボク：リチウムイオン電池は，リチウムが負極ではなく正極にあることを知りました．正極を改良すると，電池は進化すると考えて良いのでしょうか．

先輩：金属リチウム電池の問題点をブレークスルーするため，様々な取り組みが行われたんだ．その結果，正極の活物質にコバルト酸リチウム（$LiCoO_2$）を用いて，リチウムイオン電池と姿を変えることで，実用化の道が始まったといえる（図5-4）．この中でコバルト（Co）は，電池として安定に機能させるため必要な添加物だが，偏在する金属なんだね．価格は国際情勢に左右されるため，安定供給可能な代替金属と置換したいところなんだ．

【解説】コバルトの置換金属として身近なものに，ニッケル水素電池に使われているニッケル（Ni）が上げられます．しかし，ニッケルはリチウムと正極の合剤を作る際にリチウム層へ入り込み，電池容量が減るという問題を起こします．また，充放電時にリチウムが出入りする妨げにもなり問題です．でも最大の問題は，圧壊した場合に酸素発生量が多く，激しく発熱分解反応が起こり，発火事故に至ることです．ニッケルの一部をコバルトに戻した電池も考えられましたが，発熱問題は解決しませんでした．更に，マンガン乾電池に使われるマンガンを加えた電池も提案されました．マンガンは安価なためコバルトを全てマンガンに置換した電池も考えられました．マンガンはスピネル構造という3次元構造をしており，コバルトやニッケルのように層状構造に対して，より安定な構造です．充電時の酸素発生量も少なく熱的な安全性は高いのですが，マンガンが徐々に電解液へ溶解するため劣化問題が発生します．他に安価な鉄と置換した電池も提案されています．酸素（酸素アニオン）を，分子量の大きいポリアニオンへ置換した電池は鉄と組み合わせると安価で熱的に安定な電池として開発が進んでいます．

●ニッケル置換：圧壊した場合，酸素発生量が多く発火問題につながる
●マンガン置換：熱発生は少ないが電解液へマンガンが溶解し早期劣化

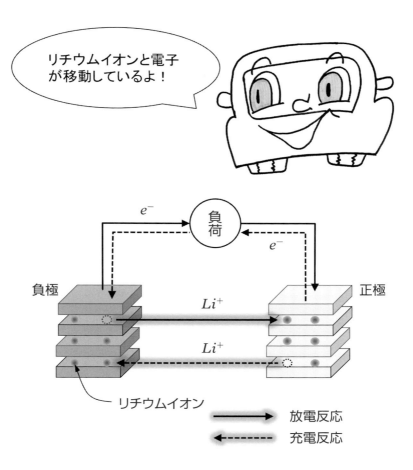

図 5-4. リチウムイオン電池の反応

60 リチウムイオン二次電池の負極

◆負極は黒鉛などの炭素材料で構成

ボク：リチウムイオン電池は，正極の対となる負極があります．負極材料についてお教えください．

先輩：負極は黒鉛を用いているよ．負極にカーボン系材料を使ってから実績を重ねているんだ．当初は，難黒鉛化性炭素と呼ばれるハードカーボンやコークスを用いたが，負極は黒鉛（理論値：372 mAh/g）に比べると半分程度と低容量値だったんだ．当時は，リチウムを黒鉛負極へ挿入離脱できる技術がなかったからね．電解液を炭酸エチレン系に見直すことで，負極容量のみならずエネルギー密度やサイクル寿命に優れたリチウムイオン電池へとつながったんだよ（図5-5）．

【解説】負極材料に使う黒鉛として，天然黒鉛と人造黒鉛が上げられます．天然黒鉛は文字通り採掘して得られます．手を加えるのは粉砕などの後工程だけなのでコスト的に優位です．ただし，粉砕しても鱗片のまま残るので，負極電極を作る場合に配向が起こる問題があります．また，初回充電時には不可逆容量が出てしまうのは避けられないのですが，人造黒鉛に比べると大きく，これも問題です．人造黒鉛は，構造設計の自由度が高いといえます．例えば球状にすることで，表面積を抑えて電解液との接触面積を下げ，不可逆容量を抑えることが可能です．リチウムイオンは，負極へ挿入離脱反応を行いますが，挿入離脱するエッジ（端面）の数を増やすと，反応はスムーズに進みます．また，人造黒鉛では粒径を小さくするとイオンの拡散も同様にスムーズです．ただし，製造コストは当然上がるので，天然黒鉛を球状粉砕しコーティング処理した負極材料を使うなど，コストダウンに向けた取り組みも行われています．高出力密度特性が求められるハイブリッド車の負極を見てみましょう．リチウムイオン電池のセル電圧は決まっていますので，取り出せる電流を増大させるには，負極活物質（黒鉛など）の内部抵抗を下げる取り組みが不可欠です．

- ●天然黒鉛負極：コスト的に優位のため負極ベース材料として多用
- ●人造黒鉛負極：構造設計の自由度が高く高機能だがコストに問題

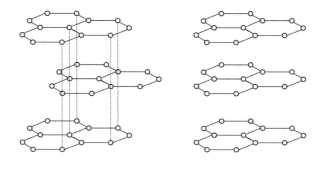

(a) 六方晶グラファイト　　　(b) カーボン

図 5-5. 負極カーボン系格子構造

61 リチウムイオン二次電池の安全性（安全性因子）

◆リチウムイオン電池は充放電環境で金属リチウムを析出する場合がある

ボク：リチウムイオン電池は，リチウム金属二次電池の不安全問題から開発されたと聞きました．リチウム金属二次電池は市場から姿を消したので，安全性問題は決着したと考えて良いでしょうか．

先輩：活発なリチウムを，金属ではなくイオンとして，充電時は負極で保管し，放電時は放出するロッキングチェアー構造により安全性と寿命を確保したのがリチウムイオン電池なんだね．充放電中に金属リチウムを生成しないはずのリチウムイオン電池だったが，充放電環境により生成する場合があることがわかってきたんだ．実際は，ファインな充放電制御の下で安全性を確保し運用しているよ．

【解説】リチウム金属の生成とは，複雑に屈曲した針状（デンドライト）に析出することです．負極からセパレーターを突き破って成長を続け，正極と短絡に至る安全上の問題があります．デンドライト状の析出リチウムは，充放電反応に寄与することなく死んだ状態です．電解液と接触し，表面は直ぐに被膜（SEI層）で覆われるため，外部からの攻撃を防ぎながら，内部は高い活性を保ったまま成長し，安全性上問題です．熱安定性に欠け，過放電に弱く，発火する確率が高くなります．充放電の電流値を，放電時は高く，充電時は低く設定すると，デンドライト状ではなく，微細な粒子状形態になり，安全性側へシフトできることもわかってきました．発火問題を心配するのは，電解液が可燃性溶媒であるからです．発熱に起因する因子をことごとく抑え込むことができれば良いのですが，内部からの発熱や，外部からの発熱を全て避けることはできません．製造工程中に異物が混入したままハイブリッド車へ搭載され，車体振動などで異物がセパレーターを突き破り，内部短絡に至った事例も報告されています．炎天下の高温環境が引き金になり，熱放散のバランスが崩れても，自己発熱が起きる恐れはあるのです．

- リチウムデンドライトは充放電に寄与せず死んだリチウムと呼ばれる
- 内部は高い活性を保ったまま成長するので発火する確率が高い

図 5-6. リチウムイオン電池の発火事故
（ボーイング 787 ドリームライナー搭載リチウムイオン電池，写真は
日本航空 829J 機のもの　写真提供：共同通信社）

62 リチウムイオン二次電池の安全性
（発熱・熱暴走）
◆低い温度から自己発熱反応が連鎖的に生じる

ボク：安全なはずのリチウムイオン電池は，少し運用や環境条件が外れると，熱の収支バランスが崩れ危険な状態となるのですね．発熱につながる問題を教えてください．

先輩：リチウムイオン電池は，セル毎に制御回路と保護回路を持っており，過充電などで発熱しないよう，使用中の安全は確保されているよ．問題は，製造時に異物が混入していたり，制御回路が誤動作したりした場合は，熱暴走も視野に入れなければならないことなんだ．自己発熱の原因は，一般電池にあるジュール熱やエントロピー変化が上げられるんだ．リチウムイオン電池特有の発熱問題を整理してみよう（図5-7）．

【解説】低い温度で始まる発熱から見て見ます．はじめに負極表面を覆うSEI層の分解熱が上げられます．SEI層は，リチウムを含んだ安定な無機化合物と有機化合物でできています．通常の電池作動温度範囲では，SEI層で炭素系負極材料を覆うことで，電解液との反応をブロックし，リチウムイオンの挿入離脱反応だけを許しています．電槽内温度が100℃を越えてくると，SEI層の分解が始まり発熱します．次は負極と電解液の反応熱が上げられます．SEI層が分解すると，負極と電解液が直接接触するので，発熱を伴いながらSEI層の生成が進行します．150℃を越えてくると，電解液の分解が発熱を伴い進行します．200℃を越えてくると，正極の熱分解が始まります．満充電状態では正極のリチウム含有量は半減します．リチウムイオンが少なくなると熱安定性は落ちて，高温度になると酸素を発生します．リチウムイオン電池は，密閉構造ですが，発生した酸素が電解液やセパレーターを燃やします．250℃を越えてくると，負極活物質の決着剤であるバインダーのフッ素が発熱反応を生じフッ化リチウムを生成します．その他，デンドライトリチウムの溶融による発熱反応も起こります．

●リチウムイオン電池構成材料の自己発熱反応が温度段階毎に進行する
●その他，デンドライトリチウムの溶融による発熱反応がある

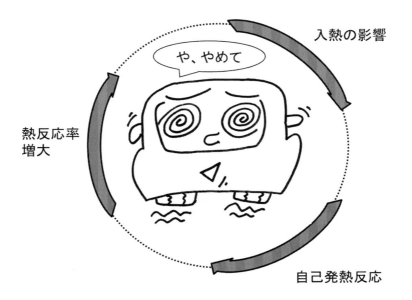

図 5-7. リチウムイオン電池の発熱・熱暴走

63 二次電池の評価パラメーター

電池性能はエネルギー密度，出力密度で評価

ボク：リチウムイオン電池などの二次電池の評価には，どのようなパラメータがあるのでしょうか．

先輩：ハイブリッド自動車の二次電池性能は，セル若しくはパック当たりの電気エネルギーや電力で表しているよ．単位はそれぞれWh/L（若しくはWh/kg）と，W/L（若しくはW/kg）だね．単に二次電池の電気容量を表すにはAhで良いが，クルマは動力エネルギーで表す必要があるので，Ahに，電池のポテンシャルエネルギーである電圧Vをかけ，Whで示す必要があるんだ．ここでは，二次電池の評価パラメータを見てみることにしよう（図5-8）．

【解説】①セルのパラメータ：セル電圧Vとセル容量Ahが基本パラメータです．セル電圧は化学的な電池材料で決まり，セル容量はセルサイズに関係します．セルエネルギーはWhとなることは前述の通りです．②セルエネルギー密度：セルエネルギーを容積や，重量当たりで表したもので，単位はWh/L，Wh/kgです．放電可能時間に影響を与えます．③セル出力密度：クルマでは，特に最大出力密度が意味を持ちます．単位は，W/L，W/kgです．最大出力密度は，持続時間と許容電圧ドロップに関係します．④充電率と放電率：充放電電流Iをセルの電気容量Ahで割った値で，C(=I/Ah)を使って表します．高出力放電では，20Cを優に越える場合もあります．⑤サイクル寿命：充放電サイクル回数で表します．寿命は，設定のセル容量を下回った場合，設定のセル出力レベルを下回った場合としています．サイクル寿命は，セル温度，電流プロファイル（若しくは出力プロファイル），セル電圧リミット値などで変わります．他に寿命としてセルにはカレンダー寿命があります．サイクル寿命を求める場合，カレンダー寿命分も考慮が必要です．⑥セルコスト：kWh当たりの価格で表します．バッテリーパック価格では，付属パーツも含めます．

- 充電率と放電率はCを使って表示
- 設定セル容量・セル出力レベルを下回った場合をサイクル寿命とする

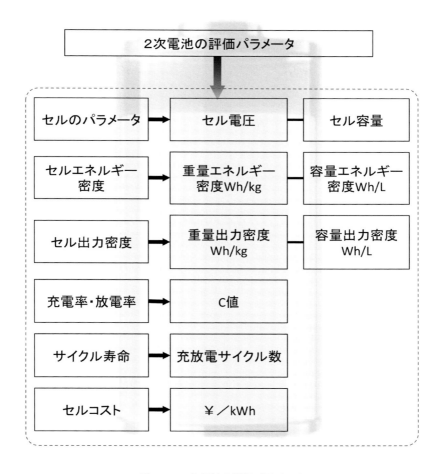

図 5-8. 二次電池の評価パラメータ

64 | 二次電池の出力性能

◆簡単に出力性能を見るには一定電力で充放電

ボク：電池は使って行くと弱くなってきます．ハイブリッド自動車の二次電池は，どのように性能評価すれば良いのでしょうか．

先輩：二次電池の出力性能評価は，充放電時間と，この時の入出力エネルギーモードをまず決める必要があるんだ．これは，電池のエネルギーを，どのようなレートで充放電させるのか，どの容量レベルや電圧レベルまで行うかを決めておくということなんだね．

【解説】簡単に出力性能を見るには，予め設定した一定電力で充放電させると，クルマ用電池のエネルギー密度（Wh/L，Wh/kg）がわかります（図5-9）．この評価方法は，満充電状態から，電極材料の電気化学的特性から求めた放電終止電圧（若しくは下限カットオフ電圧）まで放電して行います．電池から取り出せる有効出力は，出力密度（W/kg）により異なります．出力密度は，放電するに従い低下して行きます（放電終了時点で2割ほど低下）．定電力テストで電池の出力性能がある程度見えてくるといえます．実際の電池の負荷は一定ではなく，パルス状の充放電（パルスパワー）です．パルスパワーは，高い電圧ドロップが瞬間的に，また時間幅を持って，多数繰り返されるので，定電力テストとは異なります．出力性能は，電圧ドロップを高く，時間幅を短く許容すれば大きくなります．出力性能は，電池の充電量（SOC）によっても異なります．特に，低SOCでは低くなります．電池評価は，テスト条件である電圧ドロップの値と時間幅，SOCを決めて実施する必要があります．電池個体間の出力性能を比較する場合は，前述の条件を合わせて検討すれば良いといえます．電池の入出力テストでは，放電下限電圧，充電上限電圧を設定して行います．ハイブリッド自動車は，電気自動車の走行もするプラグインハイブリッドもあるので，用途に合わせて電池の出力性能を評価する基準が求められます．

●実際の電池の負荷はパルス状の充放電
●電圧ドロップ値と時間幅およびSOCを設定して出力性能を比較

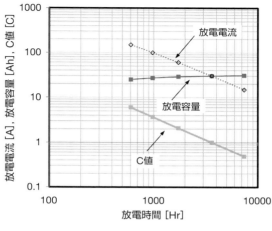

(a) 定電流放電

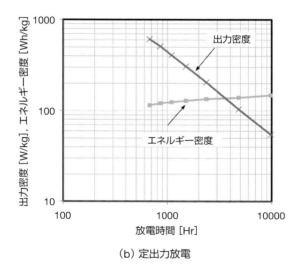

(b) 定出力放電

図 5-9. 定電流・定出力放電（リチウムイオン電池の試験結果例）

65 二次電池の出力計算

◆二次電池の出力性能を効率計算で簡単に求める

ボク：ハイブリッド自動車の二次電池性能をテストで評価する方法はわかりました．僕はテスト装置を持っていないので，誰でも簡単に評価できる方法はないのでしょうか．

先輩：二次電池の出力性能は，効率計算を通して簡単に評価できるよ．効率計算は，オームの法則を使うだけなので，難しい計算は要らない．オームの法則には抵抗値が関係するが，電池の場合は内部抵抗 R が相当するよ．また，電池は作動していると電圧と電流がオームの法則に従うが，作動していない場合（開回路状態の場合）は，開放電圧 V_0 を示すんだ．電池の内部抵抗も開放電圧もそれぞれ電池固有の値と考えると良いよ．

【解説】電池の開放電圧は，電池に負荷がつながっていない状態で簡単に測定できます．電池の内部抵抗は，充電時や放電時の電圧 V と電流 I から式45の関係より求めます．式45では，プラス符号は充電時，マイナス符号は放電時です．式45の意味は，充電時を例に取ると，充電器から電圧 V で電池を充電した場合，電池は電圧を持っているので開放電圧 V_0 で充電電流 I を押し返します．流れる電流はオームの法則から式45の関係となり，未知数である電池の内部抵抗 R が求まることになります．電池の放電効率 η は，電池出力 $P(=V \cdot I)$ として，式46の関係となります．電池出力は，式46を使って書き直すと式47となります．式47は，電池固有の値が入っていて少し複雑ですがこれらを定数と考えると，効率だけの関係で表せることを示しています．最大出力で放電させた場合，放電効率は一般に50％程度なので，この値を式47へ入れると，式48通り，電池固有のパラメータだけで表すことができます．ハイブリッド自動車は，法規モードレベルの通常走行では，電池の充電量が普通レベルとして，放電効率が95％程度です．ちなみに，電気自動車の場合は，少し落ちますが80％程度といわれています．

● 電池の開放電圧を測定しオームの法則から内部抵抗を求める
● 電池の最大出力は，おおよそ電池固有のパラメータだけで求められる

$$\mp(V - V_O) = I \cdot R \qquad \text{(式45)}$$

$$\eta = {}^P\!/_{(P+I^2 \cdot R)} = {}^1\!/_{(1 + {}^{I \cdot R}\!/_V)} = {}^V\!/_{V_O} \qquad \text{(式46)}$$

$$P = \eta \cdot (1 - \eta) \cdot {}^{V_O^2}\!/_R \qquad \text{(式47)}$$

$$P = 0.25 \cdot {}^{V_O^2}\!/_R \qquad \text{(式48)}$$

2次電池の出力性能って意外と簡単に求められるんだね！

66 二次電池の今後

◆次世代電池は理論的に高いポテンシャルだが，安定した電池性能は未知数

ボク：ハイブリッド自動車の二次電池は，ニッケル水素からリチウムイオンへと置き換わっています．様々なタイプの化学電池が開発途上だと思いますが，二次電池の今後についてお聞きしたいと思います．

先輩：リチウムイオン電池が今の主流なんだけど，リチウムイオン電池も電極の構成材料を変えて，新しい化学電池として開発が進んでいるよ．他にはナトリウム金属電池や，金属空気電池が，次世代電池として研究段階にある．次世代電池は，理論的に高いポテンシャルを持っているが，現時点で安定した電池性能にあるかどうかは未知数なところがあるんだね．

【解説】研究開発段階にある化学電池が実用化された場合，セル電圧については理論値と殆ど変らないといえるでしょう．電池のエネルギー密度（Wh／kg，Wh／L）については，理論値には大幅に届かないことも予測できます．次世代電池として注目の金属空気電池では，正極重量が理論計算へ正しく反映されていません．これは，空気を利用する正極材料は，エンジンのように周りの空気を取り込んで働くからです．金属空気電池の実用レベルのエネルギー密度は，他の電池に比べると格段に高いことは否めない事実です．次世代電池は，未だ開発途上にあるため，将来に見込める性能は，現時点では未知数といわざるを得ません．ここ10年ほどでは，ハイブリッド自動車用に開発された，様々なタイプのリチウムイオン電池が現れると考えられます．これらの電池は，高エネルギー密度，高出力密度と長寿命を兼ね備えたものです．長期スパンとして20年先までを見た場合，金属空気電池がプラグインハイブリッド自動車用に実用化されると考えられます．ハイブリッドながら，電気自動車モードで200 kmを優に越える長距離走行が可能と期待されます．更に，最適設計技術とバッテリーマネジメント制御技術が次世代電池を後押しすると考えられます（図5-10）．

- ●ここ10年は様々なタイプのリチウムイオン電池が実用化
- ●20年先まで見ると金属空気電池が実用化

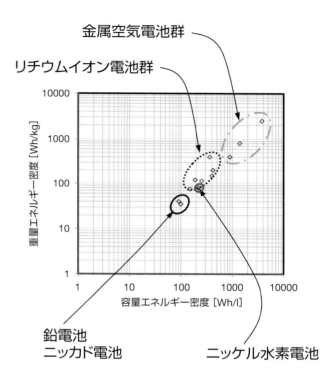

図 5-10. ハイブリッド自動車用次世代電池の実用性能予測

コラム5
ハイブリッド車とスマートフォン

　スマートフォンが登場してから，人々の行動が一変しました．電車でスマートフォンの操作をしていない人というと，そもそも所持しない熟年層，仕事で疲れ切り眠る会社員，育児でそれどころではないお母さんなど，社会のつながりから少し離れたところにいる人々だけになってしまいました．この現象は日本だけではなく，上海の地下鉄に乗っても，ソウルの地下鉄に乗っても，同じ光景を拝むことになり，全く違和感がありません．それどころか，上海の地下鉄では，車外に現れる広告が列車のスピードに合わせて微動だにせず流れますし，今までは普通に見られた物売り，ギターの流し，物乞いから子供の排泄など，駅での迷惑行為を慎む広報が，列車内の液晶TVに映し出されます．スマートフォンを所持していない人も，情報がどんどん入って来るように変わってきました．飛行機でも離着陸時は携帯機器の電源を切るようにアナウンスがありましたが，今は電波を発信しないエアプレインモードならば，使える場合も出てきました．スマートフォンは，生活や仕事に密着した連絡・情報収集の手段となりました．自動車は一昔前から生活や仕事に密着した移動手段です．普及が行き渡るまで，世界の販売台数は伸び続けるでしょう．完成車メーカは，スマートフォンやPCの機能を通して，自社製品のマーケティング，業務スピードのアップやコストダウンに活用しています．顧客満足向上とリアルタイムな情報発信を目的に，ウェブ上で感覚的な操作だけで，顧客が希望のクルマをカスタマイズし，成約につなげるウエブチューンファクトリーを提供するメーカも現れました．年間のアクセス数も150万件以上と多いといいますが，残念ながら成約につながったのは，この0.01％に過ぎません．1万件のアクセスに対して1台成約です．一昔前は，ディラーがダイレクトメールを送ると，1000件で1件程度の顧客が販売店へ足を運び，さらに成約につながるのはこの1割程度でした．ウェブによるマーケティングの効果も同等となりますが，新たなコンテンツの準備にかかる工数は，コストに見合いません．スティーブジョブズがスマートフォンを作る前から，多機能デジタルウオッチを日本メーカは製品化していました．大成功をもたらしましたが，折角のイノベーションがそこで止まっています．ハイブリッド車も世界に先駆けて製品化しましたが，燃費以外の魅力に欠けます．技術者は，技術をその先の魅力へつなげる努力を怠ってはなりません．スティーブジョブズがハイブリッド車を作るとしたら，どの様な製品として送り出したでしょう．

VI. 燃料電池

　燃料電池車（FCV）は，電気自動車の延長線上にくるもので，ハイブリッド自動車とは一線を画するものと考えられるようです．FCV は，燃料である水素を作り出すか，若しくは貯蔵する燃料部，燃料電池スタックである燃料電池部，動力を受持つモーター部，さらに過渡時やエネルギー回生時に機能するエネルギーストレージ部から構成されます．燃料電池スタックは，回生エネルギーを電気エネルギーとして貯蔵することはできません．また，過渡時の高い要求出力に対して追従性が十分ではなく，エネルギーストレージであるバッテリーや電気二重層コンデンサなどが，燃料電池スタックの不足性能を補う必要があります．このため，燃料電池とエネルギーストレージとのハイブリッドシステムとして理解すれば良いでしょう．

67 燃料電池ハイブリッド自動車

◆エネルギーストレージと組み合わせてエネルギー源をハイブリッド化

ボク：次世代の燃料電池を搭載したハイブリッド自動車（FCV）についてお教えください．

先輩：FCVは，次に述べる燃料電池部と，燃料である水素で発電しモーターを回すモーター部と，過渡時やエネルギー回生時に機能するエネルギーストレージ部からなるんだ．詳しく見てみよう．

【解説】燃料電池部は，水素貯蔵タンク，燃料電池スタック，水素燃料供給配管と空気流路配管とこれらの制御システムにより構成されます．FCVは，燃料電池スタックのほかにエネルギーストレージを搭載する必要があります．クルマは，発進停止が頻繁に繰り返されたり，発進加速や追い越し加速での素早いトルクの立ち上がりが求められたり，幅広いレンジでのアクセルワークが要求されたりする乗り物です．このクルマの要求特性に対して，燃料電池スタックは，過渡時の高い要求出力に応じた追従性の面が十分ではありません．このため，エネルギーストレージであるバッテリーや電気二重層コンデンサ（EDLC）が，燃料電池スタックの不足性能を補う必要が出てきます．エネルギーストレージを搭載することで，燃料電池スタックが担う高出力時の放電レベルが軽減され，電気的なストレスが低下し，サイクル寿命に悪影響を及ぼさないFCV駆動システムが実現します．その他，エネルギーストレージは，ブレーキ回生エネルギーを回収して電気エネルギーとして蓄えることで，FCVの燃費を改善する機能があります．さらに，回生エネルギーが新たなエネルギー源として期待できますので，燃料電池スタック周りのダウンサイジングが可能です．燃料電池スタックとエネルギーストレージを組み合わせ，エネルギー源をハイブリッド化することで，様々なパワートレインのレイアウトが可能です（図6-1〜2）．各レイアウトによりクルマの動力性能レスポンスや燃費に改善がみられるのは勿論ですが，制御が複雑になったり，コストアップの要因となったりすることも考えておく必要があるでしょう．

●燃料電池は高い要求出力に応じた過渡的追従性が不十分
●エネルギーストレージは燃料電池の不足性能を補てん

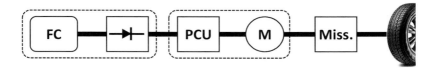

図 6-1．FCV 駆動システムレイアウト
（エネルギーストレージなしの場合）
[FC: 燃料電池，PCU: モーター制御装置，M: モーター，Miss.: トランスミッション]

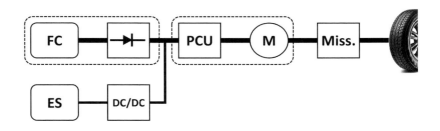

図 6-2．FCV 駆動システムレイアウト
（エネルギーストレージを DC/DC コンバータを介して直流母線に接続する場合）
［ES: エネルギーストレージ，DC/DC: DC/DC コンバータ］

68 燃料電池スタックシステム

◆燃料電池システムは周辺のサブシステムと一体性能

ボク：主動力源となる燃料電池スタックについてお教えください．
先輩：燃料電池スタックは，燃料電池の中心的役割を担うものの，周辺補機である空気圧縮機，加湿器，流量調整器，圧力調整器などが目標通り機能しないことには成立しないんだ．燃料電池のシステムレイアウトは，適用対象により様々だよ．

【解説】水素導入式燃料電池システムは，空気供給，燃料供給，水管理，熱管理の各制御サブシステムにより構成されます．まず，空気供給制御サブシステムは，空気圧縮機，復水器，循環マニホールド，背圧制御器などの相互関連するシステム機器により構成されます．燃料供給制御サブシステムは，高圧燃料タンク，圧力調整器，吸気マニホールド，水素循環ポンプ，パージ調整器などのシステム機器により構成されます．水管理サブシステムは，空気・燃料湿度調整器，噴射器，凝縮器などのシステム機器により構成されます．熱管理サブシステムは，燃料電池スタックの循環冷却サブシステム，湿度調整器・放熱器の温度調節サブシステムなどのシステム機器により構成されます（図6-3）．燃料電池スタックの性能は，流路抵抗に影響を受けます．燃料電池スタックの設計では，セル数，セルの有効面積，流路チャンネル形状・寸法形状・空間形状などや，許容最大圧力低下を決めることがポイントです．運転時では，温度，相対湿度，運転圧力，空気流量の4つのパラメータが燃料電池スタックの性能を決定します．カソードにおける酸素分圧も性能を決定します．カソードの過負荷能力が，燃料電池スタックの発電電流を決定するからです．燃料電池システムの周辺機器で圧縮機は，付帯する損失として影響の大きい圧力と流量を扱うのでとりわけ重要です．圧縮機は，空気を圧縮して燃料電池スタックへ供給するため，システム効率に対して直接影響します．燃料電池セルを高圧で運転すると，高出力密度と良好な水管理が可能となるものの，付帯する損失も発生します．

●温度，相対湿度，運転圧力，空気流量が燃料電池スタックの性能を決定
●カソード（正極）の過負荷能力が燃料電池スタックの発電電流を決定

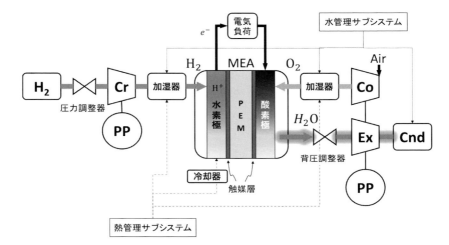

図 6-3. FCV の燃料電池スタックと周辺サブシステム
[MEA (Membrane Electrode Assembly): 膜/電極接合体, PEM (Proton Exchange Membrane): プロトン交換膜燃料電池, Cr: 水素供給循環器, Co: 圧縮機, Ex: 復水器, Cnd.: 凝縮器と水分離器, PP: ポンプ]

あとがき

　最初のハイブリッド自動車が世に現れてから，彼これ 20 年近くの歳月が流れました．少し前は，ハイブリッド車といえばプリウスしか見かけませんでしたが，今や様々な車種にハイブリッドシステムが展開されていて驚くばかりです．環境に優しい車というキャッチフレーズで，ハイブリッド車が世に現れてから，あれよあれよという間に，ガソリン自動車が独壇場としている主役の座を奪いつつあります．最も，完成車メーカが，ガソリン車からハイブリッド車へと，車種構成をシフトさせているので，市場でもハイブリッド車を実際よく見かけるようになったのでしょう．この流れは，大きなクルマが売れなくなったリーマンショック後のメーカの戦略変更が発端にあるように思えます．大きな車種は，メーカに取って利益幅が大きいクルマです．今の時代，足代わりに使えて，燃費の良いクルマはとういと，軽自動車で十分です．実際，軽自動車は，以前にも増して小型車に取って変わっています．そうはいってもメーカとしては，大きな車種を買って貰いたいのが本音でしょう．しかし，今までのように車種のモデルチェンジだけでは，顧客のインセンティブは働いてくれないはずです．ハイブリッド化することで，多少大きくても燃費は思ったほど悪くはならないというのであれば，二の足を踏んでいた顧客も購入に傾いてくれることは十分期待が持てます．メーカの販売戦略上，従来機種のハイブリッド化は，利益の積み上げに対して効果的な機種開発の方向性でしょう．

　一方で，ハイブリッド化などの環境技術に取り組まず何も手を打たない場合，弊害は何があるのでしょうか．今まで燦然と輝きを放っていたクルマ達が，大きいだけで，燃費が悪いだけで，エミッションが規制値を少し上回るだけで，市場から消えてしまう心配があります．あの NSX しかりです．ハイブリッド化することで，市場から去った魅力あるクルマ達が，環境性能をまとい，再び私たちの前に姿を現すことは十分考えられます．クルマやオートバイは趣味性の高い乗り物です．自動車開発に携わるエンジニアは，魅力あるクルマを創ってみたいという思いは人一倍高いはずです．これからクルマの世界へ飛び込みたいと思っている若い人も同じ思いでしょう．その思いを実現するには，エンジニアとして少し高い技術力を身につける必要があります．ハイブリッド車は，パ

ワープラント系だけを見ても，エンジンがあり，モーター／発電機があり，バッテリーなどのエネルギーストレージがあり，パワーエレクトロニクスを使った動力回路があり，エネルギーマネジメント制御システムなど，ガソリン車のように機械系だけの知識で何とかなる枠を越えてしまっています。技術的に見ると高いハードルなのですが，世の中の期待はそれを飛び越えたさらに先にあります。臆することなく，その先の技術へどんどん進んで行くエンジニアを時代は求めています。

モータリゼーション華やかなりし頃，今も名前が残るカリスマ的なデザイナーやエンジニアが時代を牽引していました。このような時代は過去のものとなり，今は専門分野のエキスパートが集結してチームを構成し，新しいクルマを作り上げるように変わりました。チームメンバーの一人ひとりが主役であり，責任者でもあるのです。チーム活動を得意とする我が国のエンジニア集団にとって，ハイブリッド車の技術開発は，独壇場の感があります。ハイブリッド車の技術進展が続く限り，この状況は変わらないでしょう。

ハイブリッド技術は，来るべき水素社会への，つなぎの技術といわれています。水素社会が到来した時のクルマは，燃料電池自動車であることは疑う余地はありません。ハイブリッド車と燃料電池車のパワープラントの相違点を簡単に見ますと，燃料電池セル技術が上げられます。その他のエネルギーパワープラント技術は，ハイブリッド車で十分開発ができます。今この時代こそ様々な技術に取り組める，エンジニアにとって幸せな時代だといえるでしょう。

本書は，将来エンジニアを目指す「ボク」が，「先輩」から直接指導を受け，疑問を解決して行くドラマ構成としました。小職が社会へ出て，右も左もわからなかったとき，諸先輩から数々の教えを受け，成長できた場面を思い出し書きました。ご指導頂いた松見稔様，加藤彰様そして（故）正保裕様へは紙面をお借りして感謝申し上げます。

坂本　俊之

参考文献

1. 自動車マーケティング──エントリー世代とクルマの進化，吉川勝広，同文舘出版（2015/2）
2. コージェネレーション白書〈2014〉，コージェネレーションエネルギー高度利用センター，日本工業出版（2015/03）
3. SRモータ，見城尚志，日刊工業新聞社（2012/10）
4. 次世代蓄電システム，㈱東レリサーチセンター調査研究部，㈱東レリサーチセンター（2015/3）
5. 次世代リチウムイオン二次電池，㈱東レリサーチセンター調査研究部，㈱東レリサーチセンター（2010/6）
6. 次世代自動車のための熱設計・評価手法と放熱・実装技術（エレクトロニクス），神谷有弘，シーエムシー（2014/11）
7. 蓄電デバイスの今後の展開と電解液の研究開発（エレクトロニクスシリーズ），鳶島真一，シーエムシー出版（2015/01）
8. 図解 燃料電池技術──本格普及のための材料・応用・インフラ開発，一般社団法人燃料電池開発情報センター，日刊工業新聞社（2014/11）
9. リチウムイオン電池 この15年と未来技術《普及版》（エレクトロニクス），吉野彰，シーエムシー（2014/11）
10. 入門演習 パワーエレクトロニクス，山口正人・横関政洋，Energy Chord（2014/4）
11. はじめての自動車運動学──力学の基礎から学ぶクルマの動き，竹原伸，森北出版（2014/10）
12. 明解 材料力学のABC（基本的な機械知識のABCシリーズ），香住浩伸，科学図書出版（2000/08）
13. 自動車工学──基礎，自動車技術会，自動車技術会（2015/03）
14. 自動車開発・製作ガイド──学生フォーミュラカーを題材として，自動車技術会，自動車技術会（2012/05）
15. Encyclopedia of automotive engineering Volume 2 Part 3 :Hybrid and Electric Powertrains, David Crolla, David E. Foster, Toshio Kobayashi, Nicholas Vaughan, WILEY（2015）
16. 電池状態判定装置及び電池状態判別方法，坂本俊之，特開2015-94726，日本国特許庁

索引

【A】
AC ブラシレスモーター　16

【B】
BDC（下死点）　72

【C】
Cd 値　34

【D】
DC-DC コンバータ　88, 145
DC ブラシレスモーター　14, 16, 18, 19
d-q 軸　18

【E】
ECU　4
EDLC　144
EGR クーラ　74

【F】
FCV　144, 145, 147

【G】
GaN（窒化ガリウム）　94
G センサー　24

【H】
HEV　64, 114

【I】
IGBT　88, 90, 94, 95, 97, 108
IPM（インテリジェントパワーモジュール）　16, 94

【L】
LC 回路　100

【M】
MOSFET（電界効果トランジスタ）　94, 95

【N】
NOx 吸蔵還元触媒　76
N 型半導体　90, 92

【P】
P 型半導体　90, 92

【S】
SCR 触媒　76
SEI 層　118, 120, 121, 130, 132
SiC（炭化ケイ素）　94
SOC　136

【あ】
アイドル停止　4, 5, 8, 64
アクセプター　90
アクセル　24, 34
アクチュエータ　64, 110
アシスト　2, 84
足回り　36, 46
圧壊　126
圧縮　42, 50, 52, 54, 66, 68, 72, 146
圧力調整器　146
アトキンソンサイクル　66-68
後処理　72, 76
アルミ材　112
安全性　114, 118, 120, 122, 126, 130
アンチモン（Sb）　90, 92
アンモニア（NH$_3$）　76

【い】
イオン導電率　124
一充電走行距離　8
位置情報　64
移動空間　64
異物　130, 132
インダクタンス　96, 98, 99, 106, 108
インバータ　88, 108

【う】
運転制御性　10
運転モード　7, 9-11
運動エネルギー　2, 10, 38, 88

【え】

エアコン　4, 94, 114
エアバッグ　38, 114
永久磁石型ブラシレスモーター（DC ブラシレスモーター）　14, 16, 18, 19
液体燃料　70
エネルギー　2, 4, 6, 10, 16, 38, 84, 98, 122, 136
エネルギー密度　118, 120, 128, 134, 136, 137, 140
エンジン　2, 4, 6, 8, 10, 12, 28, 40, 44, 54, 64, 66, 68, 70, 72, 74, 76, 78, 80-84, 114, 140
円旋回　26
円筒構造　124
エントロピー変化　132

【お】

オイル　42, 112
オームの法則　138
オリフィス　42
オン抵抗　94
オン電圧　98
温度環境　114

【か】

界磁　14, 16
界磁の弱め制御　18
回収　2, 6, 144
回生　10, 88, 108
快適　64
回転　12, 14, 16, 18, 30
外燃機関　70
外部 EGR 方式　74
開放電圧　138
ガウスの法則　92
火炎　68
化学電池　140
過給方式　70
拡散　66, 128
下限カットオフ電圧　136
加減速　24, 32
かご型　16
加湿器　146
荷重移動量　46
過充電　132

加水分解　76
ガスエンジン　70
ガス流　74
化石燃料　70
加速　24, 26, 30, 34, 78, 84, 144
カソード　146
ガソリン車　6, 8, 44, 64, 66, 74, 114
筐体　114
カタログ値　80, 85
活性　118, 130
活物質　122, 124, 126
カップラ　110
価電子　90
可燃性溶媒　130
カーブ　26, 44, 46
可変式リラクタンスモーター（SR モーター）　20, 21
カーボン　128, 129
かみ合い　12
カムプロファイル　80
カレンダー寿命　134
還元　76, 118
慣性モーメント　28
還流ダイオード　108

【き】

ギア　12, 28, 78, 80, 84
起磁力　18
起振源　40
機電一体化　114
気筒　68, 82
起動　6, 10, 14, 18,
希薄燃焼（リーンバーン）　68, 70
希薄予混合燃焼方式　70
逆起電力　18
逆変換装置　108
キャスター　36, 37
キャビン　38, 46
キャリアギア　12
キャリアデバイス　90
キャンバー　36, 37
吸入空気（吸気）　66, 72-74, 146
凝縮器　146, 147
共振（現象）　100
共有結合　90
極断面係数　60

154

キングピン軸　36
金属空気電池　140
金属リチウム　118-120, 126, 130

【く】
空気圧縮機　146
空気抵抗　34
空気密度　34
空気流路配管　144
偶力　52, 58
矩形波（台形波）　16, 18, 96, 98, 100
駆動　6, 8, 10, 24, 32, 44, 58, 64, 78, 84, 85
クラック面　50
クランキングモード　10
グリップ　30
クリーン　4, 70
クールドEGR　74-76

【け】
軽量化　34, 36, 38, 64, 110
結着剤　124
欠乏層　92
結露　114
ゲート　94, 95
減磁　18, 20
原子炉の制御棒　20
減衰　42
減速　6, 24, 30, 38, 42, 96, 108

【こ】
コイル　96, 98, 100, 106
コイルバネ　42
高圧縮比　72
高圧燃料タンク　146
高圧バッテリー　88
高圧噴射　72
高温　18, 20, 74, 76, 112, 132
高温高湿　114
高回転　14, 16, 18, 78, 82
郊外路　8
光化学スモッグ　72
高効率　6, 8, 12, 68, 94
高効率領域（トルク〜スピードマップ）　6, 8
高出力　16, 81

高出力放電　134
高磁力材　16
向心力　26
合成応力　54
高精度　18, 94
高性能　8, 14, 18
高速道路　8, 42
高トルク　18
勾配抵抗　34
高負荷　12, 18
効率　18, 66, 68, 104, 138
交流モーター（ACモーター）　14, 16
抗力　30, 34
後輪荷重　44, 46
小型　14, 16, 20, 36, 64, 38, 110
コギングトルク　20
黒鉛　124, 128
コークス　128
コスト　16, 72, 112, 114, 128
骨格構造　54
固定座標系　26
固定子（ステータ）　14, 18, 20
コーナリングパワー　32
コーナリングフォース　32, 36
コネクタ端子　110
コバルト酸リチウム　124, 126
固有周波数　40
転がり抵抗　34
混合気　68, 70, 72
コンデンサ　100, 102, 104, 115
コントロール　20, 28, 68, 110
コンパクト　3, 12, 18, 28
コンバータ　88, 108
コンピュータ制御　20
コンポーネント　46, 64

【さ】
サイクル効率　82
サイクル寿命　120, 122, 128, 134, 144
再始動　4, 8
再循環　74
最大出力密度　134
最大せん断荷重　50
最適設計　20, 140
サイリスタ　88, 94
サイン波　16

サーキット　46
サスペンション　36, 42, 46
作動モード　6, 8
作用反作用　24
酸化コバルトリチウム　118, 120, 122
酸化分解　120
サンギア　12
3元触媒　70, 74
三相交流　106, 108
酸素発生量　126
酸素分圧　146
三輪車（モデル）　44, 46

【し】

シェールガス　70
ジオメトリー　36
磁界　14, 18
軸径　58
軸動力　58
自己ターンオフ形　88
自己発熱　130, 132
磁石　16, 20
次世代電池　140, 141
磁束（界磁）　14, 16, 18, 96
実効値　100, 102, 104
実装密度　110
湿度調整器　146
自動運転　64
シフトアップ　78, 84
シフトチェンジ　78
シミュレーション　20, 84
車載電子製品　110, 112
車室内環境　114
車両安全　64
車両総重量　34
重心　44-49
渋滞　4, 42, 64
充電　2, 8, 10, 118, 120, 122, 126, 128, 130, 132, 134, 136, 138
充填効率　74
周波数変換器　88
充放電　84, 118, 120, 126, 130, 134, 136
重油　76
重力加速度　24, 54
樹脂モールド　112, 113

出力プロファイル　134
出力密度　128, 134, 136, 137, 140, 146
寿命　4, 8, 112, 118, 120, 122, 128, 130, 134, 140, 144
ジュール熱　132
順変換装置　108
乗員　24, 38
浄化　70, 72, 76
衝撃エネルギー　38
衝突安全性　114
触媒再生　76
諸元表　80
シリコン　90, 110, 112
シリーズハイブリッド自動車　8, 9
シリーズ／パラレルハイブリッド　10, 12
シリーズ方式　6, 8, 10
磁力　16, 18, 20
シリンダー　70, 74, 82
新気　72, 74
真空倍力装置　4
信号増幅動作　90
針状リチウム金属　118
真正半導体　90
人造黒鉛　128
振動　20, 40, 42, 68, 110, 112, 114, 130
振動緩和装置　40
信頼性　14, 16, 114

【す】

水素　118, 144
水素循環ポンプ　146
水素貯蔵タンク　144
水素燃料供給配管　144
スイッチング　88, 90, 94, 51
スキュー　16
スタック　30
スターリングエンジン　70
ステータ　14, 18
ステップモーター　20
ストイキ燃焼　68, 70
ストローク　68, 82
スーパーキャパシター　8
スピネル構造　126
スポーツハイブリッド車　80, 84
スラリー　124

スリップ　30, 32
スリップ比　30, 32
スリップリング　14

【せ】
制御　8, 10, 16, 18, 34, 64, 88, 94, 144
正極　118, 120, 122, 124, 126-128, 130, 132, 146
正弦波（サイン波）　16, 18, 40, 104
正孔　90-92
静止　24
制動力　32
整流　102
ゼオライト系　76
積雪路　30
セラミック基板　110, 112
絶縁体　90
設計　4, 28, 38, 50, 54, 112, 146
セパレーター　124, 130, 132
セル　4, 128, 132, 134, 140, 146
セルフアライニングトルク　36
旋回　26, 32, 44
線間電圧　106
センサー　18, 24, 112
センサレスベクトル制御　18
センシング　18
せん断応力　52, 54, 55, 58, 60, 61
全波整流回路　104-107, 109
前面投影面積　34
前輪荷重　44, 46, 48

【そ】
騒音　20
走行抵抗　34, 35
操作性　64
操縦安定性　36
層状構造　126
相当ねじりモーメント　54
相当曲げモーメント　54
挿入離脱反応　128, 132

【た】
ダイオード　90, 102, 104, 106, 108
大気汚染物質　72
耐水処理　114
体積効率　82

代替燃料　70
帯電　92
大電力化　114
耐熱性接着剤　112
タイムアタック　84
タイムラグ　4, 42
タイヤ　24, 30-34, 36, 44, 46, 80
耐薬品性　112
トランクルーム　114
他励　14
炭酸エステル　120
炭酸エチレン系　128
炭酸プロピレン　120
弾性体　34
炭素　120, 122, 132
単相回路　106
断熱膨張　66
ダンパー　42
断面係数　54, 56, 58, 60
断面2次極モーメント　60
断面2次モーメント　56, 60
短絡　124, 130

【ち】
置換金属　126
窒素酸化物（NOx）　70, 72, 74, 76
着火エネルギー　70
中立面　56
直進（直線運動）　28, 32
直進安定性　36
直巻　14
直流電源　88, 108
直流モーター（DCモーター）　14, 15
直列共振形LC回路　100

【て】
定格トルク　58
抵抗（素子）　100
抵抗モーメント　60
ディーゼル　70, 72, 73, 76
低圧バッテリー　88
定電圧電源　98
定電流負荷　102
低燃費タイヤ　34, 36
デュアルフューエルエンジン　70
電圧　24, 88, 94, 96, 98, 100, 102-108,

　　　　　134, 138
電位　　　92, 118, 120
電解液　　118, 120, 122, 124, 126, 128,
　　　　　130, 132
電界　　　90, 92
添加元素　92
点火時期　74
点火プラグ　　70, 71
電荷密度　92
電気化学的特性　　136
電気自動車　　2, 6, 8, 16, 32, 40, 136,
　　　　　138, 140
電気二重層コンデンサ　　144
電極　　　124, 140
電子　　　90, 91, 122
（車載）電子製品　　110, 112
電槽　　　122, 124, 132
転舵　　　32
電池　　　8, 10, 118, 120, 122, 124, 126,
　　　　　132, 134, 136, 138, 140
伝導　　　90, 92
電動　　　6, 10, 16, 18, 20, 32, 64, 94, 112
デンドライト　　119, 130, 132
天然ガス　70
天然黒鉛　128
伝播　　　68
電流（電機子電流）　　14, 16
電力　　　88, 90, 92, 94, 108, 110, 112, 114,
　　　　　134, 136

【と】

凍結路　　24
搭載環境　114
導体　　　90
（クルマの）動特性　　42, 44, 46, 48
筒内圧センサ　　68
等比級数　78
動力　　　8, 10, 28, 40, 58, 59, 70
ドナー　　90
ドープ　　90
ドライバー　　4, 34, 46, 64
ドライブレンジ　　14
トラクション制御　　64
トランジスタ　　88, 94
トランスミッション　　6, 78, 145
トルク　　2, 6, 12, 14, 16, 18, 20, 28, 36,

　　　　　58, 78, 81, 82, 84, 144
ドレイン　94, 95
トレース　26, 34
トレッド　46
トレール　36

【な】

内燃機関　70
内部EGR方式　　74
内部埋めこみ型（IPM）　　16
内部短絡　130
内部抵抗　124, 128, 138
ナトリウム金属電池　　140
難黒鉛化性炭素　　128

【に】

2極真空管　　90
二酸化炭素　　64, 74
二次電池　　2, 118, 120, 130, 134-136,
　　　　　138, 140
ニッケル水素　　126, 140
尿素（H2N-CO-H2N）　　76, 77

【ね】

ねじ線　　52
ねじり　　52-54, 58, 60, 61
ねじれ　　32, 60
熱安定性　130, 132
熱エネルギー　　70
熱応力　　110, 112
熱管理　　146
熱効率　　66, 72, 74
熱サイクル　　68
熱抵抗　　112
熱伝導　　110
ネットワーク　　64
熱疲労　　114
熱分解　　76, 132
熱暴走　　132, 133
熱膨張　　110, 112
熱容量　　74
熱落差　　112
燃焼　　　66, 68-70, 72, 74, 82
粘弾性体　34
燃費　　　2, 8, 10, 28, 30, 34, 64, 66, 74, 76,
　　　　　78, 110, 114

燃料　　　2, 4, 66, 68, 70, 72, 76, 144
燃料電池　　　8, 144-146
燃料電池自動車　　　2
燃料電池スタック　　　144, 146, 147

【の】
ノッキング　　　66, 68, 74, 82
ノロノロ運転　　　42

【は】
背圧制御器　　　146
排気ガス（排ガス）　　　4, 8, 66, 70, 72, 74, 76
ばいじん　　　72
ハイブリッド自動車（ハイブリッド車）
　　　2-6, 10, 14, 16, 24, 28, 30, 32, 34, 36, 38, 40, 42, 44, 54, 58, 60, 66, 68, 72, 74, 78, 80, 82, 84, 88, 90, 96, 98, 100, 102, 104, 106, 108, 118, 128, 130, 134, 136, 138, 140, 144
ハイブリッドモード　　　10
バイポーラトランジスタ　　　94
バインダー　　　124, 132
爆発限界　　　68
歯車機構　　　12, 13
パージ調整器　　　146
歯数　　　12
破断面　　　50, 51, 53
発火　　　118, 130
発進　　　2, 4, 84
バッテリー　　　2, 4, 6, 10, 64, 84, 88, 102, 108, 118, 144
発電　　　88, 144
発電機　　　6, 8, 10, 12, 28, 88, 108
発熱　　　110, 114, 118, 130, 132, 133
パドルシフト　　　78
バナジウム系　　　76
バネ　　　34, 40, 42
パラレルハイブリッド自動車　　　6, 7, 10, 11
パラレル方式　　　6, 10
パルスパワー　　　136
パワーエレクトロニクス　　　8, 20
パワースイッチング素子　　　24
パワーデバイス　　　88, 90
パワードライブシステム　　　44

パワードライブ装置　　　108
パワーバンド　　　78-80
パワーピーク　　　78, 80, 84
パワープラント　　　24, 28, 64, 66
はんだ　　　110, 112, 115
半導体　　　90-92, 94, 110, 115
バンドギャップ　　　90
ハンドル　　　32, 36, 44
バンパー　　　38
反力（抗力）　　　30

【ひ】
ピエゾ素子　　　24
不可逆容量　　　128
被水環境　　　114
ピストン　　　42, 66, 71, 72, 82
非接触　　　18
引張り　　　50, 52, 54, 56, 78
（部材の）引張り強さ　　　52
被毒　　　76
ヒートサイクル　　　70
ヒートシンク　　　110, 112
ヒートストレス　　　110, 112
比熱比　　　82
評価試験　　　114
標準電位（水素）　　　118
表面実装型（SPM）　　　16

【ふ】
ファイナルギア比　　　80
フェルミ準位　　　92
4サイクル　　　82
負極　　　118, 120-122, 124, 126-128, 130, 132
負極活物質　　　122, 124, 128, 132
復元トルク　　　36
輻射熱　　　114
復水器　　　146, 147
複数動力源　　　66
複巻　　　14
（クルマの）部材　　　50, 52, 54
部材　　　50, 54, 56, 57, 112
フッ化リチウム　　　124, 132
フッ素　　　124, 132
ブーメラン　　　44
フライ・バイ・ワイヤ（fly-by-wire）

　　　　64
フライホィール　　8
プラグインハイブリッド　　40, 136,
　　140
ブラシ　　14-16, 20
ブラシレスモーター　　6, 16, 17
プラットホーム　　114
プラネタリーギア　　12
（トヨタ）プリウス　　10, 12, 28, 34
フルスロットル　　84
フルブリッジ　　104, 106
ブレーキ　　4, 24
ブレーキ回生モード　　10
フレミングの左手則　　14
フロントフォーク　　36
分解　　118, 120, 132
分解熱　　132
噴射器　　146
分巻　　14

【へ】
平滑　　102-104, 106
平均有効圧力　　68, 82
並列共振形LC回路　　100
ペースト塗布　　124
変位　　40, 42, 43, 60
変形　　34, 38
変速装置　　44
変速比　　78, 79

【ほ】
ボア　　68, 82
ホィール　　36
ホィールベース　　44, 48
法規モード　　138
ホウ素　　90, 92
膨張比　　66
放電　　2, 120, 122, 130, 134, 136, 138
放熱器　　146
放熱性（能）　　110, 112
防爆用モーター　　20
保護回路　　132
保護膜　　118
補助金制度　　4
補助動力　　8
ポテンシャル　　120, 140

ポリアニオン　　126
ポリエチレン　　124
ポリプロピレン　　124
ポリマーバインダー　　124
ホール素子　　18
ホンダCR-Z　　80, 84, 85

【ま】
巻線　　16, 20, 96
曲げモーメント　　54, 56
摩擦係数　　24, 30, 31, 32
マニホールド　　146
マニュアルトランスミッション　　78
丸棒　　58, 60
マンガン乾電池　　126
満充電　　132, 136

【み】
水管理　　146
水の電気分解　　2
ミッション　　2, 64, 84
密閉構造　　132
ミラーサイクル（早閉じ）　　66, 72, 73,
　　76

【む】
無機化合物　　132

【め】
メンテナンス　　14
メンテナンスフリー　　16

【も】
模型航空競技　　14
モーター　　2, 6, 8, 10, 12, 14, 16, 18, 20,
　　28, 40, 44, 64, 74, 80, 81, 84, 88, 96,
　　98, 102, 108, 144, 145
モード　　3, 6-11, 40, 136, 140
（力の）モーメント　　28, 44, 46, 48, 52,
　　54, 56, 58

【ゆ】
有機化合物　　132
有機溶媒　　118, 120, 124
遊星ギア（遊星歯車機構）　　12, 13, 28
誘電率　　92

誘導型モーター（インダクションモーター）　16
歪み　24

【よ】
溶接継ぎ手　54
余弦波　40, 42
横滑り　32
横滑り角（タイヤスリップアングル）　32
横弾性係数　60
横力（コーナリングフォース）　32, 36, 46
予混合圧縮着火燃焼技術（HCCI）　68
予混合燃焼方式　66, 70
弱め界磁　16, 18

【ら】
ラジエーター　74

【り】
リコール　114
リタード　74
リチウム　118, 120, 122, 124, 126, 128, 130, 132
リチウムイオン電池　118, 120, 122, 124-128, 130-134, 137, 140, 141
リチウム一次電池　118
リチウム金属　118, 120, 130
リチウム二次電池　118
リップル　102
リフロー工程　110
流量調整器　146
流路チャンネル　146
流路抵抗　146
リラクタンス　16, 18
理論空燃比　68
リングギア　12
リングギアの歯数　12
リーンバーン　68, 70

【れ】
レイアウト　8, 16, 144
レシオ　12
レスポンス　28, 144
レゾルバー　18

【ろ】
ローター　14, 16, 18, 20
ロッキングチェアー　120, 122, 130
路面　24, 30, 32, 40, 42
路面勾配　34
ロングストローク　68

【わ】
ワイヤボンディング　110
ワインディング路　32

【著者略歴】

坂本　俊之（さかもと　としゆき）

1979年	神戸商船大学商船学部機関学科卒業
2010年	神戸大学大学院海事科学研究科博士課程後期課程修了（総代）

1979年	西芝電機㈱　舶用電気機器の営業および技術担当
1985年	㈱本田技術研究所　和光研究所 エンジン要素技術，ソーラーレースカー，電気自動車およびハイブリッド自動車の研究開発担当
2006年	本田技研工業㈱　鈴鹿製作所 ハイブリッド自動車（エンジンパワープラント制御）の製品技術担当
2011年	東海大学工学部動力機械工学科，教授
現在	東海大学工学部動力機械工学科，東海大学大学院工学研究科機械工学専攻，教授，博士（工学），技術士（総合技術監理部門，機械部門）文部科学省登録第58740号

自動車の基礎をハイブリッド車技術から学ぶ

2016年5月30日　第1版第1刷発行

著　者　坂本俊之
発行者　橋本敏明
発行所　東海大学出版部
　　　　〒259-1292 神奈川県平塚市北金目4-1-1
　　　　TEL 0463-58-7811　FAX 0463-58-7833
　　　　URL http://www.press.tokai.ac.jp/
　　　　振替　00100-5-46614
印刷所　港北出版印刷株式会社
製本所　誠製本株式会社

Ⓒ Toshiyuki SAKAMOTO, 2016　　　　　　　　ISBN978-4-486-02083-7

Ⓡ〈日本複製権センター委託出版物〉
本書の全部または一部を無断で複写複製（コピー）することは，著作権法上の例外を除き，禁じられています．本書から複写複製する場合は日本複製権センターへご連絡の上，許諾を得てください．日本複製権センター（電話 03-3401-2382）